erfolgreich studieren

Das Konzept „erfolgreich studieren" erfüllt eine zentrale Herausforderung der Lehrenden und Studierenden von heute: Es stehen immer geringere Zeitbudgets für das Vermitteln und Lernen zur Verfügung, während gleichzeitig Umfang und Komplexität von Wissen stetig zunehmen. Die Bücher der Reihe folgen einer darauf abgestimmten Didaktik. Lernziele am Anfang jedes Kapitels geben Orientierung, werden anhand von Übungen und Beispielen vertieft und durch Verständnisfragen und Aufgaben am Kapitelende wiederholt. Zu vielen Büchern finden sich zusätzliche Lerninhalte und Lösungen online. Stolpersteine, an denen leicht Verständnisprobleme entstehen können, werden besonders behandelt.

Mathias Wilde

Vernetzte Mobilität

Grundlagen, Konzepte und Geschäftsmodelle

Springer Vieweg

Mathias Wilde
Fakultät Maschinenbau &
Automobiltechnik
Coburg University of Applied Sciences
Coburg, Bayern, Deutschland

ISSN 2524-8693   ISSN 2524-8707   (electronic)
erfolgreich studieren
ISBN 978-3-662-67833-6   ISBN 978-3-662-67834-3   (eBook)
https://doi.org/10.1007/978-3-662-67834-3

Die Deutsche Nationalbibliothek verzeichnet diese Publikation in der Deutschen Nationalbibliografie;
detaillierte bibliografische Daten sind im Internet über ▶ http://dnb.d-nb.de abrufbar.

Planung/Lektorat: Markus Braun
Springer Vieweg ist ein Imprint der eingetragenen Gesellschaft Springer-Verlag GmbH, DE und ist ein
Teil von Springer Nature.
Die Anschrift der Gesellschaft ist: Heidelberger Platz 3, 14197 Berlin, Germany

Das Papier dieses Produkts ist recycelbar

Inhaltsverzeichnis

Einleitung

M. Wilde, *Vernetzte Mobilität,* erfolgreich studieren,
https://doi.org/10.1007/978-3-662-67834-3_1

1

Obwohl Gesellschaft, Politik und Unternehmen die Nachhaltigkeit des Verkehrssektors als ein herausgehobenes Ziel erklärt haben, mangelt es oft an der Umsetzung. Die Realität zeigt, dass die menschlichen Aspekte der Mobilität häufig vernachlässigt werden. Bei allen Diskussionen über Technik und Effizienz geraten oft die Bedürfnisse, Wünsche und Verhaltensweisen der Menschen in den Hintergrund. Eine ganzheitliche Betrachtung der Mobilität, die sowohl technische als auch soziale Aspekte berücksichtigt, ist jedoch unerlässlich, um nachhaltige Fortbewegung zu ermöglichen.

Genau hier setzt dieses Lehrbuch an. Es hat die Absicht, in die Welt der Vernetzten Mobilität einzuführen und ein Verständnis für die sich rasch entwickelnde Technik und die Möglichkeiten alternativer Mobilitätskonzepte zu vermitteln. Es betrachtet die technischen und organisatorischen Komponenten, die eine nachhaltige Fortbewegung ermöglichen. Dabei stellt es die Auswirkungen von Digitalisierung, Vernetzung und gesellschaftlichen Anforderungen auf den Verkehrssektor dar. Ein Anliegen ist es, den Blick über das rein Technische hinaus zu richten und die sozialen Dimensionen von Mobilität in den Fokus zu nehmen.

Ein weiteres Ziel des Lehrbuches besteht darin, die verschiedenen Konzepte Vernetzter Mobilität zu beschreiben – Themen wie Connected Car Services, Plattform-Ökosysteme, Sharing-Economy und Verkehrskonzepte in der Smart City stehen im Fokus. Dabei werden nicht nur theoretische Konzepte erläutert, sondern auch Geschäfts- und Erlösmodelle sowie Fragen des Datenschutzes und der Datensicherheit diskutiert. Insgesamt vermittelt das Lehrbuch ein fundiertes und kritisches Verständnis für die Herausforderungen und Möglichkeiten der Gestaltung nachhaltiger Fortbewegung und bietet eine solide Wissensbasis rund um die Themen der Vernetzten Mobilität.

Vernetzte Mobilität versteht sich hier als die digitale und organisatorische Vernetzung von Verkehrsmitteln und -dienstleistungen, die es den Menschen ermöglicht, ihre Mobilität inter- und multimodal und damit nachhaltiger zu gestalten. Das Lehrbuch behandelt zuvorderst die technische und organisatorische Komponente zur Gestaltung nachhaltiger Fortbewegung, geht aber einen Schritt weiter, indem es immer auch die Bedürfnisse der Menschen in den Blick nimmt. Das zentrale Thema ist die Organisation der Fortbewegung von Menschen, also Mobilität oder Personenverkehr. Der Transport von Gütern und Waren ist kein Bestandteil des Lehrbuches und wird ausgeklammert, obwohl auch im Umfeld von Logistik und Güterverkehr zahlreiche Ansätze der Vernetzung bestehen.

In fünf Kapiteln gibt das Lehrbuch einen Überblick über die Auswirkungen der Digitalisierung und Vernetzung auf den Verkehrssektor. ▶ Kap. 2 widmet sich den Begriffen und Definitionen von Mobilität und Verkehr. Es diskutiert die Veränderungen in der Mobilität der Menschen und die Auswirkungen der Digitalisierung auf unsere Fortbewegung. Das Kapitel nimmt sich damit den Grundlagen an, auf denen technische Entwicklungen und neue Dienstleistungen zur Organisation von Mobilität basieren. ▶ Kap. 3 analysiert den Wandel der Geschäftsfelder in der Automobilindustrie. Es stellt die Entwicklungen im Bereich der Connected Car Services dar und geht auf die damit verbundenen Geschäfts- und Erlösmodelle ein. Mit Plattform-Ökosystemen in der Mobilitätswirtschaft befasst sich ▶ Kap. 4. Es beschreibt die Plattformökonomie anhand von Mobility-as-a-Service (MaaS) und Fahrdienstvermittlungsplattformen. Bestandteil von ▶ Kap. 5 ist die Sharing Economy und ihr Einfluss auf die Mobilität. Es erläutert die Grundlagen der Sharing-Economy und behandelt die Formen des Teilens von Automobilen (Carsharing) und der Shared Micro-Mobility (Bike- und E-Scooter Sharing). ▶ Kap. 6 schließlich widmet sich den Verkehrskonzepten in der Smart City, der sogenannten Smart Mobility. Es geht in diesem Kontext auf die Rolle vernetzter Fahrzeuge und Infrastruktur ein und zeigt, wie sie mittels intelligenter Verkehrssysteme zusammengeführt werden.

Dieses Lehrbuch ist eine Einladung, die Chancen und Herausforderungen der Vernetzten Mobilität ganzheitlich zu betrachten. Es soll helfen, die Bedeutung der Mensch-Technik-Interaktion zu erkennen und zu verstehen, wie eine umfassende Gestaltung nachhaltiger Fortbewegung aussehen kann. Dabei möchte es dazu ermutigen, einen umfassenden Blick auf die verschiedenen Facetten der Ansätze und Komponenten zu werfen. Aus diesem Grund enthält es kritische Untertöne, die auch auf die Kehrseiten der behandelten Konzepte hinweisen. Sie sollen zum Nachdenken anregen.

Neue Mobilität – Faktoren, Treiber, Veränderungen

Inhaltsverzeichnis

© Der/die Autor(en), exklusiv lizenziert an Springer-Verlag GmbH, DE, ein Teil von Springer Nature
2023
M. Wilde, *Vernetzte Mobilität*, erfolgreich studieren,
https://doi.org/10.1007/978-3-662-67834-3_2

2

Unter dem Begriff *Mobilität* verstehen wir die Art und Weise unserer Fortbewegung. Er ist relativ neu, erst in jüngerer Zeit hat er den Begriff Verkehr im allgemeinen Sprachgebrauch und teilweise auch in der Fachsprache abgelöst. Mit der zunehmenden Digitalisierung im Verkehrsbereich ist der Begriff der *Vernetzten Mobilität* hinzugekommen. Darunter wird gemeinhin die organisatorische und technische Verknüpfung von Verkehrsmitteln verstanden. Sowohl der Gedanke der Vernetzung als auch Mobilität als Begriff zur Umschreibung von Fortbewegung gehen einher mit den Veränderungen der Verkehrsmittel, der Infrastruktur und unserer individuellen Art des Unterwegsseins, aber vor allem mit den Problemen, die der moderne Verkehr heute mit sich bringt.

Die Weiterentwicklung der Verkehrsmittel, immer leistungsfähigere Infrastruktur und zunehmende Geschwindigkeiten begleiten alle Menschheitsepochen. Die Verkehrsgeschichte sieht den Wandel von Mobilität als Normalzustand. Mit der Industrialisierung, Globalisierung und nunmehr der Digitalisierung hat der Wandel von Verkehr und Mobilität jedoch deutlich Fahrt aufgenommen und vollzieht sich im Vergleich zu vorangegangenen Epochen nahezu rasant. Dennoch ist dieser Wandel so langsam, dass wir Veränderungen in unserem Alltag kaum wahrnehmen.

Die folgenden Abschnitte definieren die in der Verkehrswissenschaft und Mobilitätsforschung grundlegenden Begriffe, die im Zusammenhang mit Vernetzter Mobilität stehen, und gehen auf die Faktoren und Treiber Vernetzter Mobilität ein.

2.1 Begriffe und Definitionen

In den Verkehrswissenschaften gibt es einige wenige Begriffe, die bestimmen, mit welchem Denkrahmen wir an den Akt der Raumüberwindung herantreten. *Mobilität* und *Verkehr* sind solche Begriffe. Auch *Inter-* und *Multimodalität* gehören dazu, sie sind bestimmende Vokabeln in den Überlegungen zur Gestaltung nachhaltiger Mobilität und zur Vernetzung des Unterwegsseins.

2.1.1 Mobilität und Verkehr

Mobilität und *Verkehr* sind zwei zentrale Schlüsselbegriffe – beide Begriffe stehen für die Bewegung und die Ortsveränderung von Menschen, Gütern und Informationen. Obwohl in ihrer Bedeutung grundlegend unterschiedlich (◘ Tab. 2.1), werden die Begriffe in der Politik, in den Medien und im allgemeinen Sprachgebrauch häufig als Synonyme verwendet. Dabei löst der Begriff *Mobilität* zunehmend den Begriff *Verkehr* ab. Die Ursache liegt in der Bedeutungszuweisung: Der Verkehrsbegriff, lange Zeit fast gleichgestellt mit Wachstum und Wohlstand, ist zunehmend negativ assoziiert (vgl. Canzler 2009) – während hingegen Mobilität, verstanden als grundlegende Aktivität und Ausdruck von (Fort-)Bewegung, weitgehend positiv besetzt ist.

Der Begriff *Verkehr* erfasst allgemein die realisierte Ortsveränderung von Personen, Gütern oder Informationen, wohingegen *Mobilität* im umfassenden Sinne als Bewegung oder Bewegungsfähigkeit gilt. Gather et al. (2008: 24) bieten eine komprimierte Begriffsbestimmung an: Unter Verkehr verstehen sich die im physischen

◻ **Tab. 2.1** Verkehrs- und Mobilitätsbegriff – typische Unterscheidungsmerkmale (Wilde und Klinger 2017a: 7)

Verkehr	Mobilität
Bewegung	Beweglichkeit
Physisch	Physisch – sozial – kulturell
Distanzen und Wegeanzahl als zentrale Maßeinheiten	Aktivitäten und Erreichbarkeit als zentrale Maßeinheiten
Eher aggregiert	Eher individuell
Häufig bauliche, infrastrukturelle und planerische Problemstellungen	Eher soziale und psychologische Problemstellungen

Raum realisierten Ortsveränderungen, während Mobilität die grundsätzliche Fähigkeit, also das Potenzial zur Realisierung von Aktivitäten bezeichnet.

> Definition: *Verkehr* bezeichnet die physische Bewegung von Personen, Gütern und Informationen mitsamt den baulichen und infrastrukturellen Begleiterscheinungen als ein aggregiertes Phänomen.

Verkehr ist eingebettet in und Ausdruck von einem sozio-technischen *System– im-System,* das sich zusammensetzt aus Transportmitteln und Infrastruktur, Regeln und Gesetzen. Im Allgemeinen wird Verkehr allerdings nicht als Bestandteil eines komplexen Systems gefasst, sondern auf einen beobachtbaren *Output* reduziert, auf eine messbare und über Kennzahlen fassbare Größe (vgl. Rammler 2018).

> Definition: *Mobilität* ist die grundsätzliche Fähigkeit zur Fortbewegung, sie beschreibt das Potenzial zur Realisierung von Aktivitäten. *Mobilität* ist dabei eingebettet in unsere Lebensweise, verflochten mit den Routinen des Alltags.

Die Auffassung von Mobilität als Potenzial liegt dicht an der Semantik des lateinischen Ursprungswortes *mobilitas* – die Beweglichkeit (siehe dazu auch Becker 2016: 17). Die vorgeschlagene Definition betont das möglichkeitserweiternde Moment von Mobilität, ihren Potenzialcharakter und ihre Bedeutung für die Organisation des Alltags. Inwieweit ist es Menschen möglich sich fortzubewegen oder besser noch bis zu welchen Grad können Aktivitäten ausgeübt werden? Es steht weniger der physische Vorgang räumlicher Bewegung im Mittelpunkt, mehr noch lässt sich Mobilität analytisch als Möglichkeit zur Bewegung fassen.

Mobilität ist damit mehr als ein physischer Vorgang der Raumüberwindung – ist weit mehr als die Frage wie man von einem Punkt A zu einem Punkt B gelangt. Mobilität ist eingebettet in unsere Lebensweise, verflochten mit den Routinen des Alltags. Deswegen setzt das Konzept, auf das der Begriff *Mobilität* beruht, bei den

2

Rationalitäten und Empfindungen von Individuen an und nimmt die mit der beobachtbaren Ortsveränderung einhergehenden Fähigkeiten und Bedürfnisse in den Blick. Insofern verweist Mobilität auf die gesellschaftliche Dimension von Bewegung – etwa im Sinne des Spannungsverhältnisses von Teilhabe und Exklusion (Wilde 2022).

2.1.2 Mono-, Multi- und Intermodalität

Die Vernetzung von Mobilität bedeutet zunächst vordergründig nicht mehr als die Möglichkeit zur Kombination verschiedener Verkehrsmittel für die eigene Fortbewegung. Auf einer übergeordneten Ebene interessiert also zunächst die Verkehrsmittelnutzung oder welcher Werkzeuge der Fortbewegung sich die Menschen im Alltag bedienen. Zur Umschreibung der Verkehrsmittelnutzung verwendet man drei Begriffe für drei primäre Nutzungsmuster: *Mono-*, *Multi-* und *Intermodalität*. Jeder Begriff steht für ein typisches Muster der Verkehrsmittelnutzung in der Alltagsmobilität und bringt zum Ausdruck, ob wir variabel in der Verkehrsmittelnutzung sind und auf welche Weise wir die Werkzeuge der Fortbewegung miteinander kombinieren.

Eine Gruppe von Verkehrsmitteln gleicher Art wird als *Modus* bezeichnet – Auto, Fahrrad, Zu-Fuß-Gehen sowie Bus und Bahn sind jeweils ein Fortbewegungsmodus. Die Modalität ist daraufhin die Art und Weise, wie man sich dieser Modi bedient. Anhand der unterschiedlichen Verwendung folgt die Unterscheidung in Mono-, Multi- und Intermodalität (vgl. Viergutz und Scheier 2018).

Monomodalität

Monomodal unterwegs sind Menschen, die ausschließlich auf ein Verkehrsmittel für ihre Fortbewegung setzen, also allein mit dem Auto fahren oder das Fahrrad nutzen. Monomodales Verhalten wird zumeist in Bezug auf das Autofahren problematisiert. Menschen, die ausschließlich das Fahrrad oder den öffentlichen Verkehr verwenden, geben keinen Anlass für Verhaltensinterventionen – ihre Verkehrsmittelnutzung entspricht den Zielen im Hinblick auf eine nachhaltige Mobilität. Bei Menschen, die ausschließlich auf das Auto setzen, stellt sich hingegen die Frage, wie es gelingen kann, dass sie weitere, umweltschonendere Verkehrsmittel in ihren Alltag integrieren und künftig *inter-* und *multimodal* ihre Wege zurücklegen (Nobis 2015: 17).

> Definition: *Monomodalität* bedeutet die ausschließliche Verwendung eines Verkehrsmittels zur Überwindung aller Wege im Alltag. Eine vollständige monomodale Verkehrsmittelnutzung ist selten gegeben. Wenn ein Verkehrsmittel allerdings die Alltagsmobilität eines Menschen deutlich dominiert, kann von monomodalem Mobilitätsverhalten gesprochen werden (Beutler 2004: 9).

Multimodalität

Multimodalität wird zumeist als Gegenspieler der Monomodalität gesehen. Mit der Vorsilbe *multi* (viel) bezieht sich der Begriff auf die Vielzahl und Varianz jener Fortbewegungsmittel, die eine Person einsetzt, um ihre Wege zurückzulegen. So ist etwa eine Person *multimodal* unterwegs, wenn sie innerhalb eines bestimmten Zeitraumes – in der Regel eine Woche – verschiedene Verkehrsmittel verwendet. Dabei bestimmt idealerweise der Zweck des Weges die Verkehrsmittelwahl: So legt eine multimodale Person etwa von Montag bis Freitag den Arbeitsweg mit dem Fahrrad zurück, bucht für den Einkauf am Donnerstag ein Carsharing-Auto und fährt für den Familienbesuch am Sonntag mit der Bahn (◨ Abb. 2.1).

Der Begriff *Multimodalität* wird in der Diskussion um ein nachhaltiges Verkehrssystem positiv verwendet. Wahlmöglichkeiten bei der Verkehrsmittelnutzung ermöglichen es den Menschen, je nach Fahrtzweck immer das am besten geeignete Verkehrsmittel zu wählen. Ein multimodales Verkehrsverhalten soll Fahrten mit dem Auto verringern und zu einer nachhaltigeren Mobilität beitragen.

> Definition: *Multimodalität* bedeutet die Verwendung unterschiedlicher Verkehrsmittel für die verschiedenen Wege innerhalb eines Zeitraumes (zumeist eine Woche). Dabei wählt eine Person idealerweise das Verkehrsmittel, welches für den Wegezweck am geeignetsten ist.

Intermodalität

Intermodalität bedeutet, mehrere Verkehrsmittel auf einem Weg miteinander zu kombinieren (◨ Abb. 2.2). Während also der Begriff *Multimodalität* beschreibt, dass eine Person verschiedene Verkehrsmodi innerhalb eines bestimmten Zeitraumes variiert, geht der Begriff *Intermodalität* auf die Kombination von Verkehrsmitteln entlang einer Wegekette ein. Eine Person ist dementsprechend *intermodal* unterwegs, wenn sie etwa mit dem Fahrrad zur Bushaltestelle fährt, von da aus weiter mit dem Bus in die Stadt und dort mit einem Leihroller zum eigentlichen Ziel.

Das Wort *Intermodal* ist aus dem Güterverkehr entlehnt. Eingeführt wurde der Begriff in den USA der 1960er-Jahre für den Umschlag von Gütern zwischen Eisenbahnen, Lastwagen und Schiffen in den zu der Zeit neuen standardisierten Containern. Übertragen auf die Mobilität im Personenverkehr richtet *Intermodalität* den Blick auf den Wechsel der Verkehrsmodi entlang einer Wegekette (inter modes).

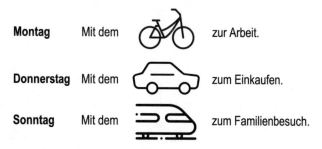

Multimodalität

Montag	Mit dem	🚲	zur Arbeit.
Donnerstag	Mit dem	🚗	zum Einkaufen.
Sonntag	Mit dem	🚄	zum Familienbesuch.

◨ **Abb. 2.1** Multimodalität – Verwendung verschiedener Verkehrsmittel innerhalb eines bestimmten Zeitraumes (angelehnt an: VCD 2019)

2

Intermodalität

Von der Wohnung
                mit dem zum

… und in die Stadt, von dort
                mit dem  zum Ziel.

◘ Abb. 2.2 Intermodalität – Die Kombination verschiedener Verkehrsmittel entlang einer Wegekette (angelehnt an: VCD - Verkehrsclub Deutschland e. V. 2019)

> Definition: *Intermodalität* bedeutet die Kombination von unterschiedlichen Verkehrsmitteln entlang einer Wegekette. Mittels der Kombination kommen die spezifischen Vorteile eines Verkehrsmittels entlang einzelner Wegeabschnitte zum Tragen.

Perspektiven der Verkehrsmittelnutzung

Die Variationen der Verkehrsmittelnutzung (oder besser Modalität) kann aus zwei Perspektiven betrachtet werden: (a) von der Infrastruktur und den Werkzeugen der Fortbewegung aus, also wie ein Verkehrssystem unterschiedliche Formen der Fortbewegung begünstigt und aber verhindert, sowie (b) vom Menschen aus, also wie sich eine Person der Infrastruktur und den Werkzeugen der Fortbewegung bedient (◘ Tab. 2.2).

◘ Tab. 2.2 Mono-, Multi- und Intermodalität – Aus Perspektive des Verkehrssystems und der Menschen (angelehnt an Schlump 2015: 84)

	Verkehrssystem	Mensch
Monomodalität	Es besteht weder die Möglichkeit, Verkehrsmodi zu variieren noch zu kombinieren	Es wird immer nur ein Verkehrsmodus für alle Wege eines bestimmten Zeitraumes verwendet
Multimodalität (Variation)	Das Verkehrssystem ermöglicht, verschiedene Verkehrsmodi zu variieren	Menschen sind je nach Weg und Zeck mit verschiedenen Verkehrsmitteln unterwegs – sie variieren die Verkehrsmodi
Intermodalität (Kombination)	Das Verkehrssystem ermöglicht, verschiedene Verkehrsmodi entlang einer Wegekette zu kombinieren	Menschen kombinieren verschiedene Verkehrsmodi entlang einer Wegekette

Vernetzte Mobilität und die dahinterstehenden Konzepte schaffen die Möglichkeit zur Kombination von Verkehrsmitteln. Miteinander vernetzte Verkehrsmodi bilden ein multimodales Verkehrssystem (vgl. Deffner et al. 2014).

2.2 Faktoren und Treiber

Unsere Mobilität und generell die Fortbewegung, der Transport von Gütern und Personen, die verwendeten Verkehrsmittel und die zugrunde liegenden Infrastrukturen sind schon immer ein Gradmesser der technischen Entwicklung. Die Dynamik jedoch, mit der die Veränderung im Verkehrswesen seit dem letzten Jahrhundert verläuft, unterscheidet unsere Zeit von allen historischen Epochen zuvor.

Im Zuge der aufkommenden und sich verschärfenden Debatte um Nachhaltigkeit und Klimaschutz zeigt sich der Verkehr besonders resistent gegenüber Maßnahmen zur Einsparung von Emissionen. Doch die Verschärfung der Probleme, die mit der Massenmotorisierung einhergehen, führt zunehmend zu einem politischen und gesellschaftlichen Umdenken. Dieses Umdenken treibt die Transformation von der (fossilen) automobilen zur (postfossilen) multimodalen Fortbewegung voran (Groth 2016b: 24).

2.2.1 Mensch und Gesellschaft: Wie sich die Mobilität der Menschen ändert

Unsere Praktiken der Fortbewegung sind einem allmählich vollziehenden Wandel unterworfen. Die Ausgangspunkte der Veränderung sind der Wandel von Werten und Einstellungen, neuartige Mobilitätsangebote und Sharing-Systeme, das Smartphone mit Anwendungen unterschiedlichster Art oder die Förderung von nachhaltigeren Formen der Fortbewegung. Insbesondere in prosperierenden Großstädten ändern sich eingespielte Mobilitätsgewohnheiten, sie avancieren zum Nukleus neuer Trends im Verkehrsgeschehen. Dabei zeichnen sich insbesondere zwei Trends der Veränderung im Mobilitätsverhalten ab: Einerseits verschiebt sich die Einstellung gegenüber dem Automobil von einem Statussymbol hin zu einem Alltagsgegenstand und andererseits gewinnt das Fahrrad wieder an Bedeutung. Mit welcher Ausprägung sich diese Trends künftig entwickeln, wird maßgeblich die Zukunft der Bedingungen für unsere Mobilität beeinflussen (Wilde 2015: 22).

Abkehr vom Automobil?

Das Aufkommen der Massenmotorisierung in den 1960er und 1970er-Jahren, die Ausrichtung von Politik und Stadtplanung am Ideal einer autogerechten Gesellschaft und die daraus resultierenden Pfadabhängigkeiten führten zu einer Hegemonie des Automobils vor allem in den westlichen Gesellschaften. Nachhaltigere (also umweltschonendere) Mobilität kann nur umgesetzt werden, wenn die vorherrschende Stellung des motorisierten Individualverkehrs zugunsten von Fortbewegungsmöglichkeiten aufgegeben wird, deren Folgen auf Mensch und Umwelt weniger negativ ausfallen.

Eine zunehmende Zahl an Menschen fragt sich, ob ein eigenes Auto erforderlich ist, um frei und unabhängig leben zu können (vgl. Canzler et al. 2018; Canzler und

2

Knie 2019). Studien zum Mobilitätsverhalten verweisen darauf, dass immer mehr und vor allem jüngere Menschen auf ein eigenes Automobil verzichten und zu einer multimodalen Mobilität übergehen (Adolf et al. 2014; Kuhnimhof et al. 2012; Schönduwe et al. 2012). Zwar hat unter jungen Erwachsenen das Automobil nach wie vor eine große Bedeutung, allerdings sinken die Zustimmungswerte zum motorisierten Fahrzeug und der Pkw-Besitz nimmt ab. Im Gegenzug sind die Jüngeren aufgeschlossener gegenüber dem Fahrrad und dem öffentlichen Verkehr (Kuhnimhof et al. 2019).

Dieser Trend darf jedoch nicht überbewertet werden: Gesamtgesellschaftlich nimmt die Motorisierung weiter zu. Ebenso bleibt abzuwarten, ob sich die Abkehr junger Menschen vom Auto in späteren Lebensphasen fortsetzt. Mit dem Einstieg in die Erwerbstätigkeit und mehr noch mit der Gründung einer Familie ist fast automatisch die Anschaffung eines Automobils und der Eintritt in eine weitgehende Monomodalität verbunden.

Fahrrad-Boom

Viel deutlicher als die Abkehr vom Automobil zeigt sich ein Zuwachs der Fahrradnutzung. Die Fachwelt spricht mitunter von einem regelrechten Fahrrad-Boom (Lanzendorf und Busch-Geertsema 2014). Der Trend zum Fahrradfahren lässt sich in allen Industrieländern beobachten und so auch in Deutschland (vgl. ◘ Abb. 2.3). Die Gründe liegen einerseits in einem urbanen Lebensstil, geprägt von einer sportlich-ambitionierten wie auch ökologisch-orientierten Elite. Anderseits finden sich Gründe im Engagement mancher Städte, die im Fahrradverkehr eine kostengünstige und rasch umzusetzende Möglichkeit sehen, und die Bedingungen für eine nachhaltige Mobilität verbessern. Städte wie Kopenhagen oder Amsterdam zeigen, welche Wirkung gute Bedingungen für den Radverkehr auf die Lebensqualität in der Stadt hat. An diesen Vorbildern orientieren sich Städte wie Wien oder Paris,

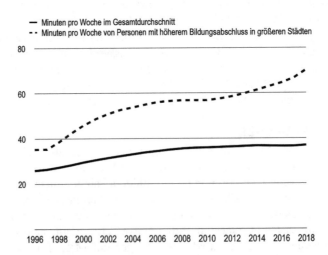

── Minuten pro Woche im Gesamtdurchschnitt
– – Minuten pro Woche von Personen mit höherem Bildungsabschluss in größeren Städten

◘ **Abb. 2.3**   Fahrradnutzung in Minuten je Woche in Deutschland – Veränderung zwischen 1996 und 2018

London oder München und gestallten die Infrastrukturen für den Radverkehr um (Canzler 2018: 17). Dort wo das politische Engagement weniger ausgeprägt ist, fordert die Bevölkerung mit Petitionen oder Radentscheiden vermehrt ein Umdenken der Kommunen.

Der zunehmende Radverkehr führt zu Konflikten mit dem motorisierten Verkehr. Die unterschiedlichen Geschwindigkeiten und der Platzbedarf führt vor Augen, mit welchem Ausmaß wir unsere Städte in nur wenigen Jahrzehnten auf den Autoverkehr ausgerichtet und wie weit wir andere Verkehrsarten verdrängt haben.

Konsequenzen

Die Auflösung monomodal orientierter Fortbewegung, eine weitgehend situations-spezifische Wahl von Verkehrsmitteln je nach Wegezweck sowie die Erstarkung des Fahrradverkehrs begünstigen hybride Formen der Raumüberwindung. An dieser Stelle setzen Angebote *Vernetzter Mobilität* an, deren Erfolg sich in den Wachstumsraten der intermodalen Sharing-Dienstleistungen widerspiegelt (siehe ► Kap. 5). Eine Vernetzung von Verkehrsmitteln erlaubt sowohl die Buchung als auch Organisation von verschiedenen Angeboten der Fortbewegung entlang einer Wegekette und schafft damit die organisatorischen Bedingungen für Inter- und Multimodalität.

Grundlage für eine nahtlose Verknüpfung der verschiedenen Fortbewegungsmöglichkeiten (auch als *seamless transportation* bezeichnet) bilden die Möglichkeiten der Digitalisierung. Datenbasierte Anwendungen harmonisieren den Übergang von einem Verkehrsmittel auf das andere und sind Basis für Plattform-Ökosysteme als neue Organisationsform der Fortbewegung in einer digitalen Ära (siehe ► Kap. 4).

2.2.2 Technik: Wie die Digitalisierung die Bedingungen der Fortbewegung transformiert

Die *Digitalisierung* führt zu Umwälzungen in nahezu allen Lebens-, Wirtschafts- und Produktionsbereichen. Manche gehen soweit und attestieren der auf der Digitalisierung beruhenden sogenannten *digitalen Transformation* einen disruptiven Charakter (etwas Bestehendes auflösend oder zerstörend) (Kenney et al. 2015; Matzler et al. 2018).

Allgemein bezeichnet die *digitale Transformation* die fundamentale Umgestaltung von einst analogen zu nunmehr digitalen Abläufen. *Digitale Transformation* ermöglicht Prozesse und Dienstleistungen, die weitgehend auf digitaler Technik beruhen. Während die *Digitalisierung* die technischen Grundlagen für den Wandel von analogen zu digitalen Prozessen bereitstellt, benennt man mit dem Begriff der *digitalen Transformation* jene (disruptiven) Veränderungen und Umwälzungen, die zu innovativen Dienstleistungen und Geschäftsmodellen führen (Mergel et al. 2019).

Im Verkehrsbereich gibt es inzwischen keinen Sektor mehr, der von den Entwicklungen der Informations- und Kommunikationstechnik ausgeschlossen ist. Die Digitalisierung hat Fahrt aufgenommen und verschiebt das Kräfteverhältnis im Wettbewerb zwischen den Verkehrsarten.

2

Zu Beginn der *digitalen Transformation* wirkten die Anwendungen eher im Hintergrund, für den Kunden oder Fahrgast waren sie kaum augenfällig. Im öffentlichen Verkehr betraf das die Sicherungstechnik, die Einführung von rechnergestützten Betriebsleitsystemen oder Anwendungen der Fahrplanoptimierung. Im Straßenverkehr entwickelte sich die Steuerung von Lichtsignalanlagen weiter und es wurden Verkehrsbeeinflussungssysteme installiert mit Wechselverkehrzeichen und dynamischen Informationen. Diese Entwicklungen sind übergegangen in eine umfassende Integration digitaler Prozesse in die städtische Infrastruktur – die wir nunmehr kumuliert als *Smart City* bezeichnen (siehe ▶ Kap. 6).

Mit Einzug leistungsfähiger mobiler Endgeräte und einer Funktechnik, die eine fast flächendeckende Verbindung mit dem Internet erlaubt, haben sich die Bedingungen auch für digitale Anwendungen im Verkehrssektor für die Menschen als Nutzende grundlegend geändert. Den komplexen, teuren und mit hohem Aufwand zu unterhaltenen Anwendungen, die an die Infrastruktur gebunden sind und im Hintergrund zur Optimierung der Verkehrsabläufe dienen, ist das Smartphone und dessen Applikationen beiseitegetreten. Digitale Angebote, gestützt durch das Smartphone und mobiles Internet, bewirken eine fundamentale, strukturelle Transformation im Verkehrssektor (Canzler und Knie 2016: 8).

Diese Transformation begünstigt eine Verschiebung des Stellenwertes der Verkehrsmittel in unserer Gesellschaft: Orientiert an der neo-liberalen Wirtschaftsordnung bewirken digitale Angebote, dass Mobilität auch jenseits des motorisierten Individualverkehrs im verstärkten Maß zu einem Konsumgut avanciert. Die Werkzeuge der Fortbewegung sind dabei immer weniger allein Mittel der Raumüberwindung, sie steigen zu Lifestyle-Elementen urbaner Mobilität empor. Dementsprechend passt sich die Haltung der Menschen gegenüber den Verkehrsangeboten an. Neben der Transportfunktion sind Merkmale gefragt, mit denen sich singuläre Lebensstilentwürfe zum Ausdruck bringen lassen, und zwar jenseits des Automobils, das bislang als Statussymbol fungiert – diese Entwicklung ist neu (vgl. Schmidt et al. 2012).

Doch die Automobilhersteller sehen die Veränderungen und investieren mit hohem Ressourceneinsatz in die Weiterentwicklung ihrer Produkte. Digitale Anwendungen haben Einzug in das Fahrzeug gehalten. Fahrerassistenzsysteme, Spurhaltesysteme oder Einparkhilfen sind dabei nur eine Facette von digital getriebenen Zusatzleistungen. Mit PS, Hubraum oder Direkteinspritzung allein lassen sich die Kunden kaum noch überzeugen. Vom Zweck der eigentlichen Fortbewegung unabhängige Dienste sind ergänzende Ausstattungsmerkmale vernetzter Fahrzeuge – wie Internetzugang oder Entertainment. Autokäufer gehen inzwischen soweit, den Fahrzeughersteller zu wechseln und auf eine andere Marke zu setzen, wenn sie ihre Mobilfunkgeräte mit dem Fahrzeug verbinden können (Wee et al. 2015: 17).

2.3 Vernetzte Mobilität

Die Vernetzung von Mobilität hat mehrere Dimensionen und kann aus verschiedenen Standpunkten angegangen werden. Im Kern stellt sich die Frage: Was wird miteinander vernetzt und welche Elemente der Vernetzung kommen dabei zur Anwendung?

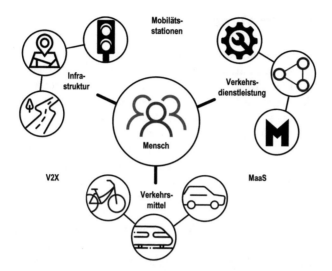

◘ Abb. 2.4 Dimensionen und Elemente Vernetzter Mobilität

2.3.1 Dimensionen und Elemente Vernetzter Mobilität

Im Fokus *Vernetzter Mobilität* steht der Mensch und seine Bedürfnisse. *Vernetzte Mobilität* hat das übergeordnete Ziel: Der Mensch soll zur Erfüllung seiner Mobilitätsbedürfnisse auf gewünschte (oder nach bestimmten Kriterien sinnvolle) Möglichkeiten der Fortbewegung zugreifen können. Die Dimensionen vernetzter Fortbewegung gliedern sich in (a) *Infrastruktur,* (b) *Verkehrsmittel* und (c) *Verkehrsdienstleistung* (◘ Abb. 2.4). Diese Dimensionen setzen sich aus einer Reihe von spezifischen, ihnen zugehörigen Elementen zusammen. So fügen sich zum Beispiel die einzelnen Verkehrsmittel wie Fahrrad, Öffentlicher Verkehr oder Kraftfahrzeug als Elemente zur Dimension *Verkehrsmittel* zusammen. Ähnliches gilt für *Infrastruktur* (bestehend zum Beispiel aus den Verkehrsträgern, Straßen- oder Schienenwegen, Steuerungs- und Leittechnik) und *Verkehrsdienstleistungen* (bestehend zum Beispiel aus Werkstätten und Pannenservice, öffentlichen Nahverkehrsangeboten oder Sharing-Dienstleistungen).

In Ansätzen gibt es schon immer Tendenzen einer Vernetzung zwischen den Dimensionen und Elementen der Fortbewegung, sie sind allerdings eher partiell oder monomodal ausgerichtet. Konzepte *Vernetzter Mobilität* neuerer Generation streben hingegen eine umfassende Vernetzung an – also eine Vernetzung über die Grenzen einer Dimension oder einer Fortbewegungsart hinweg: Es werden sowohl Elemente innerhalb einer Dimension verknüpft als auch eine Brücke zwischen den Dimensionen geschaffen. In dieser übergreifenden Vernetzung besteht das Wesensmerkmal von Konzepten *Vernetzter Mobilität*.

Ein wesentlicher Treiber der Vernetzung ist die Digitalisierung. Über digitale Angebote und Hintergrundsysteme lassen sich die Elemente und Dimensionen der Fortbewegung effektiv organisieren. Dennoch wäre es zu kurz gegriffen, *Vernetzte Mobilität* auf digitale und rechnergestützte Hilfsmittel zu reduzieren.

2

2.3.2 Hilfsmittel der Vernetzung

Die Kombination von Fahrrad mit Bus oder Bahn kann schon als Klassiker im intermodalen Verkehr bezeichnet werden. Eine Reihe technischer Lösungen und Dienstleistungen unterstützen die Verknüpfung. So erleichtern etwa Fahrradabstellanlagen an Bahnhöfen den Umstieg oder Mehrzweckabteile im Fahrzeug die Mitnahme. Abstellanlagen und Mehrzweckabteile können dabei als Hilfsmittel einer Vernetzten Mobilität verstanden werden, die die Dimensionen Verkehrsmittel und Infrastruktur verbinden. Die kostenfreie Mitnahme von Fahrrädern im Fahrzeug ist wiederum ein Hilfsmittel, das Verkehrsmittel und Dienstleistung verknüpft. Digitale Lösungen lassen inzwischen vernetzte Verkehrsdienstleistungen zu, sodass etwa Bike-Sharing und klassischer öffentlicher Verkehr für die Nutzenden fast reibungslos ineinander übergehen.

Das kritische Element in allen Konzepten besteht in diesen *Hilfsmitteln,* die eine Vernetzung der Dimensionen der Fortbewegung gewährleisten – die also Infrastruktur, Verkehrsmittel und Verkehrsdienstleistung zusammenbringen. Ebenfalls in ◘ Abb. 2.4 sind zwei Beispiele aufgeführt, die die Vernetzung gewährleisten und hier als Vertretung der zahlreichen Hilfsmittel und Systeme Vernetzter Mobilität dienen sollen:

- MaaS steht für *Mobility-as-a-Service* – dieser Begriff subsumiert die Angebote digitaler Plattformökonomie. Unter MaaS haben sich Geschäftsmodelle entwickelt, die für den Endverbraucher die verschiedenen Angebote der zahlreichen Verkehrsunternehmen und Mobilitätsdienstleister bündeln und die Angebote unter einer gemeinsamen Marke vertreiben. MaaS ermöglicht eine reibungslose Buchung und Nutzung etwa von Bike- und Carsharing, öffentlichem Verkehr und Mietfahrzeugen.
- Unter *V2X* (u. a. Vehicle-to-Infrastructure oder Car-to-Car) verstehen sich wiederum die zahlreichen technischen Lösungen, die einen Datenaustausch zwischen den Fahrzeugen untereinander wie auch zwischen Fahrzeugen und Verkehrsinfrastruktur herstellen. Auf diesen Datenaustausch basieren eine Reihe von Dienstleistungen – sie sollen den Verkehrsfluss optimieren, die Sicherheit erhöhen oder die Infrastrukturnutzung effektiver gestalten. Ein V2X-Beispiel ist die Parkraumnutzung: Sensoren melden freie Parkplätze, sodass eine langwierige Parkplatzsuche entfällt.

Allen Hilfsmitteln und Systemen ist gemeinsam, dass sie in der Regel kaum als eigenes, originäres Element der Fortbewegung verstanden werden können – sie befördern keine Personen und sind allenfalls als ein ergänzendes Merkmal von Infrastruktur aufzufassen. Ihr Charakter besteht darin, dass sie Vernetzung ermöglichen – im Englischen würde man sie als *enabler* bezeichnen.

Komplexe Konzepte bestehen aus einer Kombination verschiedenster Hilfsmittel, mit denen versucht wird, mehrere Elemente über möglichst alle drei Dimensionen der Fortbewegung hinweg zu vernetzen. Elementar sollte jedoch immer die Perspektive auf den Menschen bleiben. Gerade wenn der Fokus allzu sehr auf die Aspekte der Technik gelegt wird, kann der Mensch aus dem Blickpunkt geraten. Deswegen ist es notwendig, die Bedürfnisse der Menschen den Möglichkeiten der technischen Realisierbarkeit voranzustellen (vgl. Lenz 2015).

2.3.3 Kritische Perspektive – Gesellschaft und Vernetzte Mobilität

Die Motorisierung in der ersten Hälfte des 20. Jahrhunderts führte zu einer Neu-aufteilung des Straßenraumes. Der Mensch wurde in den Seitenraum der Straße verwiesen, das Überqueren der Fahrbahn ist nur noch im rechten Winkel an den dafür vorgesehenen Stellen erlaubt. Das vernetzte und automatisierte Fahren – als ein Teilbereich Vernetzter Mobilität – birgt die Gefahr, diesen Prozess weiter zu ver-schärfen. In einer automatisierten Zukunft ist der Mensch das unberechenbare Ele-ment, schließlich entzieht er sich mit seinem oft unberechenbaren Verhalten einer Programmierung. Die Einführung vernetzter Verkehrssysteme kann zum Anlass genommen werden, die Komplexität des Verkehrsgeschehens weiter zu reduzieren (Wilde und Klinger 2017b: 35). Aus diesem Blickwinkel erweist sich insbesondere das vernetzte Fahren weniger als technische Finesse des motorisierten Individual-verkehrs, vielmehr ist es als nächste Evolutionsstufe in einem automobildominier-ten Beschleunigungssystem zu betrachten (vgl. analog Hebsaker 2020).

Aus der Fortschrittsideologie leitet sich ein weiterer Ansatzpunkt ab, über Kon-zepte Vernetzter Mobilität kritisch nachzudenken: In Diensten welcher gesell-schaftspolitischen Ziele wollen wir neue Konzepte und Lösungen stellen? Die beste-henden Konzepte lassen sich, wenn auch grob und wenig trennscharf, auf zwei ge-sellschaftsökonomische Prämissen zurückführen:

a) Ein Ansatz betrachtet Mobilität und ihre Dienstleistungen als ein eher öffent-liches Gut. Aus ökologischer Sicht sollten Ressourcen geschont und Verkehr nachhaltig gestaltet sein. Das geht zwangsläufig mit der Etablierung von Alter-nativen zum motorisierten Individualverkehr einher – hierein fallen vor allem die Mobilitätsdienstleistungen der Sharing-Economy und die Weiterentwicklung klassischer öffentlicher Verkehrsmittel.

b) Ein zweiter Ansatz ist stark automobil- und konsumorientiert. Darunter fällt als übergreifender Bereich das assistierte und im nächsten Schritt autonome Fahren sowie weitere Produktdifferenzierungen im Automobil. Mit dieser Technik verfol-gen Automobilkonzerne das Ziel, die Attraktivität des motorisierten Individualver-kehrs weiter auszubauen, um wiederum den Absatz von Fahrzeugen zu steigern.

Zur Erreichung des gesellschaftspolitischen Ziels einer hohen Lebensqualität, der Schonung von Ressourcen sowie dem Klimaschutz und einer nachhaltigeren Le-bensführung ist es erforderlich, zwischen diesen – zum Teil diametral gegenüber-stehenden – Prämissen ein Gleichgewicht herzustellen. Dabei kann nicht allein auf Maximierung von Effizienz, Geschwindigkeit und Kapazität im Verkehrsgeschehen gesetzt werden, zuvorderst sind die Verkehrsarten hinsichtlich ihrer Umwelt- und Sozialverträglichkeit zu priorisieren (vgl. Groth 2016a).

Literatur

Adolf, Jörg/Krämer, Lisa/Rommerskirchen, Stefan (2014): PKW-Mobilität am Wendepunkt? Bedeutung des demographischen und des Verhaltenswandels für den PKW-Verkehr in Deutschland bis 2040. In: Internationales Verkehrswesen 4(66), S. 64–67.

2

Becker, Udo J. (2016): Grundwissen Verkehrsökologie: Grundlagen, Handlungsfelder und Maßnahmen für die Verkehrswende. München: oekom Verlag.

Beutler, Felix (2004): Intermodalität, Multimodalität und Urbanibility - Vision für einen nachhaltigen Stadtverkehr. Berlin: Wissenschaftszentrum Berlin für Sozialforschung. (= Discussion Paper).

Canzler, Weert (2009): Mobilität, Verkehr, Zukunftsforschung. In: Popp, Reinhold/Schüll, Elmar/Kreibich, Rolf (Hrg.): Zukunftsforschung und Zukunftsgestaltung: Beiträge aus Wissenschaft und Praxis, Bd. 1. Berlin; Heidelberg: Springer. S. 313–322. (= Wissenschaftliche Schriftenreihe Zukunft und Forschung des Zentrums für Zukunftsstudien Salzburg).

Canzler, Weert (2018): Keine Energiewende ohne Mobilitätswende. In: Herausforderung Mobilitätswende: Ansätze in Politik, Wirtschaft und Wissenschaft. Berlin: BWV Berliner Wissenschafts-Verlag. S. 20–38. (= Mobilitätsrecht-Schriften).

Canzler, Weert/Knie, Andreas (2016): Mobility in the Age of Digital Modernity: Why the Private Car Is Losing Its Significance, Intermodal Transport Is Winning and Why Digitalisation Is the Key. In: Applied Mobilities 1(1), S. 56–67. ► https://doi.org/10.1080/23800127.2016.1147781.

Canzler, Weert/Knie, Andreas (2019): Alte Liebe rostet doch. Der lange Abschied vom eigenen Auto. In: Kultur & Technik - Das Magazin aus dem Deutschen Museum (4), S. 16–21.

Canzler, Weert/Knie, Andreas/Ruhrort, Lisa/Scherf, Christian (2018): Erloschene Liebe? das Auto in der Verkehrswende: soziologische Deutungen. Bielefeld: transcript. (= X-Texte zu Kultur und Gesellschaft).

Deffner, Jutta/Hefter, Tomas/Götz, Konrad (2014): Multioptionalität auf dem Vormarsch?: Veränderte Mobilitätswünsche und technische Innovationen als neue Potenziale für einen multimodalen Öffentlichen Verkehr. In: Schwedes, Oliver (Hrg.): Öffentliche Mobilität: Perspektiven für eine nachhaltige Verkehrsentwicklung. 2. Aufl. 2014. Wiesbaden: Springer VS. S. 201–227.

Gather, Matthias/Kagermeier, Andreas/Lanzendorf, Martin (2008): Geographische Mobilitäts- und Verkehrsforschung. Berlin: Borntraeger. (= Studienbücher der Geographie).

Groth, Sören (2016a): Multimodal Divide. Zum sozialen Ungleichgewicht materieller Verkehrsmitteloptionen. In: Internationales Verkehrswesen (68), S. 66–69.

Groth, Sören (2016b): Nach dem Auto Multimodalität? In: Transforming Cities (01/2016), S. 61–65.

Hebsaker, Jakob (2020): Städtische Verkehrspolitik auf Abwegen: Raumproduktionen durch ÖPNV-Infrastrukturmassnahmen in Frankfurt am Main. Wiesbaden: Springer VS, Springer Fachmedien Wiesbaden GmbH. (= Studien zur Mobilitäts- und Verkehrsforschung Band 46).

Kenney, Martin/Rouvinen, Petri/Zysman, John (2015): The Digital Disruption and Its Societal Impacts. In: Journal of Industry, Competition and Trade 15(1), S. 1–4. ► https://doi.org/10.1007/s10842-014-0187-z.

Kuhnimhof, Tobias/Buehler, Ralph/Wirtz, Matthias/Kalinowska, Dominika (2012): Travel Trends among Young Adults in Germany: Increasing Multimodality and Declining Car Use for Men. In: Journal of Transport Geography 24, S. 443–450. ► https://doi.org/10.1016/j.jtrangeo.2012.04.018.

Kuhnimhof, Tobias/Nobis, Claudia/Hillmann, Katja/Follmer, Robert/Eggs, Johannes (2019): Veränderungen im Mobilitätsverhalten zur Förderung einer nachhaltigen Mobilität. Dessau: UBA - Umweltbundesamtes. (= Texte des Umweltbundesamtes).

Lanzendorf, Martin/Busch-Geertsema, Annika (2014): The Cycling Boom in Large German Cities—Empirical Evidence for Successful Cycling Campaigns. In: Transport Policy 36, S. 26–33. ► https://doi.org/10.1016/j.tranpol.2014.07.003.

Lenz, Barbara (2015): Vernetzung – Revolution für die urbane Mobilität der Zukunft? In: e&i Elektrotechnik und Informationstechnik 132(7), S. 380–383. ► https://doi.org/10.1007/s00502-015-0348-8.

Matzler, Kurt/von den Eichen, Stephan Friedrich/Anschober, Markus (2018): Digitale Disruption verstehen, entwickeln und umsetzen. In: Granig, Peter/Hartlieb, Erich/Heiden, Bernhard (Hrg.): Mit Innovationsmanagement zu Industrie 4.0. Wiesbaden: Springer Fachmedien Wiesbaden. S. 71–82. ► https://doi.org/10.1007/978-3-658-11667-5_6.

Mergel, Ines/Edelmann, Noella/Haug, Nathalie (2019): Defining Digital Transformation: Results from Expert Interviews. In: Government Information Quarterly 36(4), S. 101385. ► https://doi.org/10.1016/j.giq.2019.06.002.

Nobis, Claudia (2015): Multimodale Vielfalt: Quantitative Analyse multimodalen Verkehrshandelns. Berlin: Humboldt-Universität zu Berlin.

Rammler, Stephan (2018): Verkehr und Gesellschaft. In: Schwedes, Oliver (Hrg.): Verkehrspolitik. Wiesbaden: Springer Fachmedien Wiesbaden. S. 27–49. ► https://doi.org/10.1007/978-3-658-21601-6_2.

Schlump, Christian (2015): Intermodal, multimodal, supermodal? Aktuelle und künftige Mobilität unter der Lupe. In: Informationen zur Raumentwicklung (2), S. 83–92.

Schmidt, Alexander/Jansen, Hendrik/Wehmeyer, Hanna/Garde, Jan (2012): Neue Mobilität für die Stadt der Zukunft. Duisburg: Stiftung Mercator.

Schönduwe, Robert/Bock, Benno/Deibel, Inga/InnoZ – Innovationszentrum für Mobilität und gesellschaftlichen Wandel (2012): Alles wie immer, nur irgendwie anders?: Trends und Thesen zu veränderten Mobilitätsmustern junger Menschen. ▶ http://www.innoz.de/fileadmin/INNOZ/pdf/Bausteine/innoz-baustein-10.pdf.

VCD – Verkehrsclub Deutschland e. V. (Hrg.) (2019): Was ist Multimodalität? Multimodalität und Intermodalität. ▶ https://www.vcd.org/themen/multimodalitaet/schwerpunktthemen/was-ist-multimodalitaet/ (15.6.2023).

Viergutz, Kathrin/Scheier, Benedikt (2018): Inter, Multi, Mono: Modalität im Personenverkehr- Eine Begriffsbestimmung. In: Internationales Verkehrswesen (1), S. 65–68.

Wee, Dominik/Kässer, Matthias/Bertoncello, Michele/Heineke, Kersten/Eckhard, Gregor/Hölz, Julian et al. (2015): Competing for the connected customer – perspectives on the opportunities created by car connectivity and automation. München: McKinsey & Company. (= Advanced Industries).

Wilde, Mathias (2015): Die Re-Organisation der Verkehrssysteme: Warum sich die städtische Verkehrsplanung zu einer Mobilitätsplanung weiterentwickeln sollte. In: Standort - Zeitschrift für Angewandte Geographie 39(1), S. 22–25. ▶ https://doi.org/10.1007/s00548-015-0364-2.

Wilde, Mathias (2022): Mobilität. In: Mario Rund/Friedhelm Peters (Hrg.): Schlüsselbegriffe der Sozialplanung und ihre Kritik, Bd. 23. Wiesbaden: Springer Fachmedien. S. 117–127. (= Sozialraumforschung und Sozialraumarbeit) ▶ https://doi.org/10.1007/978-3-658-38399-2_9.

Wilde, Mathias/Klinger, Thomas (2017a): Integrierte Mobilitäts- und Verkehrsforschung: zwischen Lebenspraxis und Planungspraxis. In: Wilde, Mathias/Gather, Matthias/Neiberger, Cordula/Scheiner, Joachim (Hrg.): Verkehr und Mobilität zwischen Alltagspraxis und Planungstheorie: Ökologische und soziale Perspektiven, Bd. 35. Wiesbaden: Springer VS. S. 5–23. (= Studien zur Mobilitäts- und Verkehrsforschung).

Wilde, Mathias/Klinger, Thomas (2017b): Städte für Menschen: Transformationen urbaner Mobilität. In: Aus Politik und Zeitgeschichte (48), S. 32–38.

Connected Car Services und Mobilitätsdienstleistungen der Automobilindustrie

Inhaltsverzeichnis

© Der/die Autor(en), exklusiv lizenziert an Springer-Verlag GmbH, DE, ein Teil von Springer Nature 2023
M. Wilde, *Vernetzte Mobilität*, erfolgreich studieren,
https://doi.org/10.1007/978-3-662-67834-3_3

3

Bessere Bedingungen für Multimodalität schaffen zu wollen, bedeutet auch, über die Stellung des Automobils unter den Verkehrsmitteln nachzudenken. Im Gefüge multimodaler Mobilität verändert sich die Rolle des Automobils. Es verliert die Stellung des derzeit gesellschaftlich dominierenden Verkehrsmittels und gliedert sich ein in den Mix von Fortbewegungsmöglichkeiten. *Connected Car Services* können eine Neubewertung des Automobils begünstigen, sobald sie die Vernetzung mit anderen Dimensionen der Fortbewegung und darüber hinaus mit weiteren Dienstleistungen ermöglichen.

Für die Automobilindustrie wiederum, die vor allem am Absatz ihrer Fahrzeuge interessiert ist, dienen *Connected Car Services* in erster Linie zur Produktdifferenzierung: Das Fahrzeug erhält Zusatzdienstleistungen, die einen Mehrwert für Kunden generieren sollen. Zu den Kernfunktionen der *Connected Car Services* gehören Echtzeitinformationen zur Verkehrslage, der Datenaustausch mit der Serverinfrastruktur des Herstellers oder Informations- und Entertainmentsysteme (vgl. Forchert und Viebranz 2016).

Indem die *Connected Car Services* das Automobil als reines Verkehrsmittel um weitere, teilweise von der Fortbewegung unabhängige Funktionen erweitern, können sie als Bestandteile einer *Vernetzten Mobilität* angesehen werden.

> Definition: *Connected Car Services* bauen eine internetbasierte, bi- oder multilaterale Verbindung zu Dritten auf, um einen datenbasierten Zusatznutzen zu generieren. Je nach Anwendung verbinden sich die Services mit (a) Unternehmen und Dienstleistern (etwa OEM, Werkstätten oder IT-Unternehmen), (b) Regierungsinstanzen (etwa Mautstellen, Straßenverkehrsämtern), (c) Infrastruktur oder (d) anderen Fahrzeugen. Voraussetzung zur Generierung eines Mehrwertes ist die Verarbeitung von technischen Daten und Daten anderer Nutzenden (vgl. Holland und Zand-Niapour 2017: 8; Johanning und Mildner 2015: 8).

Die Möglichkeiten der Datenverarbeitung und -übertragung fördern diese Funktionen, die auch als Konnektivitätsdienste bezeichnet werden. Insofern sind Fragen der Datensicherheit und des Datenschutzes von Bedeutung (vgl. Burkert 2017). Dabei zeichnet sich eine ähnliche Entwicklung ab, wie sie die Telekommunikationsbranche mit der Einführung und Weiterentwicklung von Smartphone-Betriebssystemen durchlebte. Die Hersteller neigen dazu, die Datenverarbeitung über eigene Ökosysteme abzuschotten und die massenhaft generierten Daten in interne Produkt- und Verhaltensanalysen einzuspeisen (Bosler und Burr 2019; vgl. Kortus-Schultes 2017).

Damit markieren *Connected Car Services* einen Wandel in der Automobilindustrie: Die Entwicklung von reinen Produzenten eines Konsumgutes hin zu Dienstleistern in einer aufstrebenden Mobilitätswirtschaft (siehe ► Kap. 4). Deren Entwicklung ist wiederum wesentlich durch die digitale Kommunikation getrieben.

3.1 Wandel der Geschäftsstrategien in der Automobilindustrie

Der Wandel in der Automobilindustrie wird häufig mit dem technischen Wechsel des Antriebsstranges gleichgesetzt – vom Verbrennungsmotor zum Elektroantrieb. Doch die Veränderungen gehen über den Austausch des Antriebes hinaus, sie verrücken den Kern der klassischen Geschäftsstrategie.

Automobilhersteller werden als *Original Equipment Manufacturer* (OEM) bezeichnet. Darunter sind Automobilhersteller zu verstehen, die von Zulieferern bezogene Komponenten zu fertigen Automobilen verarbeiten und unter eigenen Markennamen vertreiben (Diehlmann und Häcker 2010: 10). Die OEMs sind als Produzenten von Konsumprodukten zu global agierenden Konzernen aufgestiegen. Im Kern ihrer bisherigen Geschäftsstrategie steht das Automobil als Massenkonsumgut. Diese produktbezogene Geschäftsstrategie wurde um zusätzliche, dicht am Fahrzeug anknüpfende Dienstleistungen ergänzt. Mit einer Hinwendung zu neuen Mobilitätsdienstleistungen, zu Konzepten *Vernetzter Mobilität* und Zusatzdienstleistungen im Bereich der Elektromobilität rücken die Konzerne von ihrem klassischen Geschäftsmodell bezogen auf die Produktion von Fahrzeugen ab und stellen stattdessen Fortbewegung ins Zentrum (◘ Abb. 3.1) (Genzlinger et al. 2020; Holland 2019).

3.1.1 Produktbezogene OEM-Geschäftsstrategie

Mit dem wirtschaftlichen Aufschwung ab den 1950er-Jahren, den Wirtschaftswunder-Jahren der Bundesrepublik, ist die Automobilindustrie zu einem der bedeutendsten Sektoren nicht allein in Deutschland, sondern in vielen weiteren Industrienationen, aufgestiegen. Das Automobil etablierte sich in dieser Zeit als ein Konsumgut für die breite Gesellschaft. Der massenhafte Absatz der Fahrzeuge ließ die Konzerne prosperieren und wachsen.

Seitdem entwickeln die Automobilhersteller ihr Produkt stetig weiter und versehen es mit zahlreichen neuen Funktionen und Ausstattungsmerkmalen. Die meisten Hersteller sind in den Anfängen der Massenmotorisierung verwurzelt: Kern der produktbasierte OEM-Geschäftsstrategie ist das Fahrzeug als Konsumgut (vgl. noch einmal ◘ Abb. 3.1).

Entsprechend basiert die Geschäftsstrategie auf dem massenhaften Absatz von Neufahrzeugen in allen Baureihen. Die dabei stattfindende Modell- und Ausstattungsdifferenzierung dient der Ansprache von Zielgruppen und der Abschöpfung der Zahlungsbereitschaft. Der durch den Wettbewerb getriebene Automobilmarkt ver-

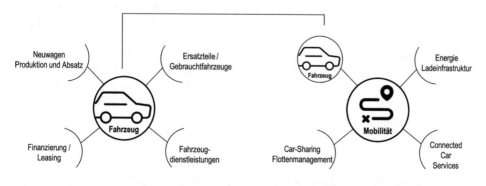

◘ **Abb. 3.1**　Elemente der produktbezogenen sowie mobilitätsbezogenen OEM-Geschäftsstrategie

langt von den Herstellern eine stete Differenzierung ihrer Produkte. Nur durch Produktinnovation sind sie in der Lage im Wettbewerb zu bestehen, den Absatz zu steigern oder zumindest zu sichern. Die Logik der produktbasierten OEM-Geschäftsstrategie ist ausgerichtet an einer langfristigen Gewinnerzielungsmöglichkeit über den Absatz von Fahrzeugen. Um den Absatz steigern und Kunden halten zu können, haben die Hersteller eine Reihe von Dienstleistungen eingeführt. Dabei sind in erster Linie die Finanz- und die sogenannten Mobilitätsdienstleistungen aufzuführen.

Finanzdienstleistungen

Im Jahr 2018 wurden etwa 75 % aller Pkw-Neuzulassungen in Deutschland über Finanzdienstleistungen angeschafft (Leasing- oder Kreditmodelle) – lediglich 25 % waren Barzahlungen. Den größten Marktanteil an den Finanzdienstleistungen halten mit 50 % die herstellereigenen Banken (BDA 2019: 2). Die Finanzdienstleistungen der Hersteller reichen bis in die Anfänge des Automobilbaus zurück. Bereits 1926 gründete die Ford Motor Company die erste herstellereigene Bank – die Ford Credit Company AG, kurz Ford Bank, in Berlin (Stenner 2015: 2).

Im gesättigten Automobilmarkt, wie wir ihn heute in den westlichen Industrienationen erleben, haben sich die Herstellerbanken (auch Captives genannt) in die Wertschöpfungsprozesse der Automobilindustrie integriert und übernehmen Aufgaben der Absatzunterstützung, Kundenbindung und Profitabilität (Zieringer 2015: 139 f.). Insofern vergeben Autobanken mehr als Kredite an Kunden oder Händler. Als Direktbanken haben sie Kontoführung und Anlageprodukte im Portfolio, übernehmen das Leasinggeschäft des Herstellers oder betreiben zusätzliche Services wie dem Flottenmanagement. Letztlich bieten sie Versicherungsprodukte an und haben Garantieleistungen im Programm (Bandmann 2015: 192).

Mobilitätsdienstleistungen in der produktbezogenen OEM-Geschäftsstrategie

In der produktbezogenen OEM-Geschäftsstrategie taucht auch der Begriff der *Mobilitätsdienstleistung* auf. Der Begriff ist allerdings scharf abzugrenzen, von der Verwendung im Sinne einer *Vernetzten Mobilität*. Im Zusammenhang mit dieser Geschäftsstrategie umschreiben die Hersteller mit dem Begriff der Mobilitätsdienstleistungen keineswegs Optionen für die inter- oder multimodale Fortbewegung, vielmehr kennzeichnen sie damit Zusatzdienstleistungen rund um das Automobil. Die Angebote sind mehr als Fahrzeugdienstleistungen zu bezeichnen und umfassen etwa Pannenhilfe, Premium-Werkstattleistungen, Ersatzwagengarantien oder Verschleißteilreparaturen. Mit diesen als Mobilitätsdienstleistungen bezeichneten Zusatzservices soll der Kunde bei Fahrzeugausfällen rasch eine Reparatur oder einen Ersatz für ein defektes Fahrzeug erhalten. Mobilität bezieht sich in diesen Fällen auf den Erhalt der Fahrfähigkeit des Fahrzeuges. Damit ist der Begriff der Mobilitätsdienstleistung in der produktbasierten OEM-Geschäftsstrategie als ein Marketingbegriff aufzufassen: Der Kunde kann stets mit einem Fahrzeug unterwegs sein und sei somit mobil.

3.1.2 Mobilitätsbezogene OEM-Geschäftsstrategie

Im Rahmen der mobilitätsbezogenen OEM-Geschäftsstrategie bieten Hersteller im Gegensatz zu der produktbezogenen OEM-Geschäftsstrategie zunehmend verschiedene Dienstleistungen an, deren Fokus auf der Fortbewegung und nicht mehr allein auf dem Fahrzeug selbst liegt. Diese Dienstleistungen können sowohl als *Enabler* als auch *Enhancer* verstanden werden: Einerseits *befähigen* (enabling) sie die Kunden durch Sharingangebote oder mittels digitaler Plattformen zur Organisation von inter- und multimodaler Mobilität. Andererseits *erweitern* (enhancing) sie das klassische Produkt Automobil um zusätzliche, zumeist digitale Dienstleistungen – die hier behandelten *Connected Car Services* – oder aber um Lademöglichkeiten und Lademanagement im Bereich der Elektrofahrzeuge.

Ladeinfrastruktur und Lademanagement von Elektrofahrzeugen

Im Zuge der weiteren Durchdringung von batterieelektrischen Fahrzeugen, vor allem aufgrund der Erfordernisse einer neuen Infrastruktur für das Nachladen der Batterien, sind die Hersteller angehalten, in Lademöglichkeiten und das Lademanagement ihrer Fahrzeuge zu investieren. Denn der Absatz von Elektrofahrzeugen ist auch abhängig von der bereitstehenden öffentlichen Ladeinfrastruktur. Einige Autohersteller betreiben eine eigene Ladepunkt-Infrastruktur und haben zur Abrechnung der Verbrauchskosten eigene Tarife und Systeme eingeführt. Mit dem Service *BMW Charging* betreibt etwa BMW ein Netz mit mehr als 516.000 Ladepunkten (Stand Mai 2023, DCS 2023). Mit der Verknüpfung von Autoproduktion und der Bereitstellung von Ladeinfrastruktur hat sich Tesla, Inc. hervorgetan. Als Produzent ausschließlich von Elektrofahrzeugen integriert das Unternehmen ein eigenes Energiemanagement in sein Geschäftsmodell und stellt den Kunden eigene Ladeinfrastruktur zur Verfügung. Tesla hat damit ein eigenes *Hardware-Ecosystem* für seine Fahrzeuge geschaffen (Chen und Perez 2018; Perkins und Murmann 2018: 475).

Fuhrparkmanagement und Sharing

Das Fuhrparkmanagement ist eine Dienstleistung, die sich bereits länger im Portfolio der Hersteller befindet. Das Fuhrpark- und Flottenmanagement liegt am Übergang zu den Leasingangeboten, gehen jedoch im Leistungsumfang mit der Fahrzeugverwaltung, Tourenplanung und Festlegung von Einsatzregeln deutlich über Leasing hinaus (Diez 2015: 105). Vergleichsweise neu sind hingegen Aktivitäten im Carsharing. Die Hersteller sehen verschiedene strategische Betätigungsfelder in diesem Segment. Wobei im Privatkundengeschäft die Automobilhersteller die Sharing-Angebote als einen weiteren Marketingkanal entdeckt haben. Die Sharing-Kunden werden mit der Marke vertraut und lernen die Produkteigenschaften kennen. Damit hoffen die Hersteller auf die Kaufentscheidung einwirken zu können, sobald sich die Sharing-Kunden ein eigenes Automobil anschaffen. Das *Corporate-Carsharing* wiederum wird als Wachstumsmarkt bewertet, in dem sich die Hersteller eigene Anteile sichern wollen – Zielgruppe sind hier Geschäftskunden und Kommunen (Diehlmann und Häcker 2010: 150).

Das Engagement der Hersteller beschränkt sich dabei nicht allein auf das Car-Sharing. Die Hersteller sind Kooperationen mit Sharinganbietern wenig-motorisierter Fahrzeuge eingegangen, allem voran mit dem E-Scooter-Sharing. Anders als beim Car-Sharing besteht kein unmittelbares Konkurrenzverhältnis zum Fahrzeugabsatz, was den Herstellern ermöglicht digitale Strategien weiterzuentwickeln. Die Kooperation mit dem E-Scooter-Sharing bietet den Herstellern ein Experimentierfeld für neue digitale Dienstleistungen und Geschäftsmodelle, ohne den Absatz eigener Fahrzeuge zu gefährden (BDU 2020: 6).

3

Beteiligungen an Mobilitätsplattformen und Start-ups

Zusammen mit Mobilitätsplattformen und Start-ups der digitalen Plattformökonomie experimentieren die OEMs mit neuen Formen von Mobilitätsdienstleistungen. Bei dieser Form von Kooperation handelt es sich in der Regel um Unternehmensbeteiligungen, Risikokapitalfinanzierung oder der Bereitstellung von Fahrzeugen (Li et al. 2020). Die Hersteller erhoffen sich, Einfluss und Kompetenz auf den Märkten der digitalen Mobilitätsdienstleistungen aufbauen zu können. Ihnen ist es wichtig, ihren Einfluss auf diese Branche zu übertragen und die Bedingungen auf neuen Mobilitätsmärkten mitzugestalten. Wenn sie die Bedingungen nicht aktiv gestalten, besteht für sie die Gefahr, dass ihre Fahrzeuge allein als Plattform dienen. Stattdessen könnten branchenfremde IT-Unternehmen die Umsatzpotenziale des Marktes abschöpfen, und zwar insbesondere im Umfeld der datengetriebenen Dienstleistungen (Holland 2019: 37).

In der Folge beteiligen sich die OEMs an Mobilitätsplattformen, Start-ups und Sharing-Dienstleistern (Abhishek und Zhang 2016; Tian et al. 2021). So gut wie jedes global agierende Unternehmen kooperiert mit einem oder mehreren Start-ups, manche entwickeln eigene Plattformen (◘ Tab. 3.1).

Rückzug und Gegenentwicklung

Die Absatzschwierigkeiten der letzten Jahre veranlassen einige Hersteller, ihr Engagement auf den neuen Mobilitätsmärkten zu überdenken und ihre Geschäftsstrategien wiederum neu auszurichten. Eine Strategie besteht in der Konzentration auf das originäre Kerngeschäft des Automobilbaus. In der Folge ziehen sich Hersteller aus den auch als Experimentierfeld verstandenen Mobilitätdienstleistungen zurück. Für den Rückzug entscheidend sind die Profitaussichten der Geschäftsstrategie – die Erträge blieben bislang hinter den Erwartungen zurück. Eine weitere Rolle, wenn auch weniger entscheidend, spielen Widersprüche, die sich aus der am Absatz orientierten produktbezogenen Geschäftsstrategie und der mobilitätsbezogenen Geschäftsstrategie ergeben. Dabei wird Carsharing als ein Geschäft verstanden, dass in Konkurrenz zum Absatz von Neu- und Gebrauchtfahrzeugen steht (Diez 2015: 175). Diese Denkweise offenbart, dass sich die Transformation der OEM-Geschäftsstrategien bislang nicht vollständig vom klassischen Ansatz lösen konnte.

◘ **Tab. 3.1** Kooperationen zwischen OEMs, Mobilitätsplattformen/Sharing-Dienstleistern (vgl. Li et al. 2020: 107470)

Kooperationen mit P2P Plattformen		Kooperationen mit B2C Plattformen	
OEM	**Plattform**	**OEM**	**Plattform**
GM	Turo	Nissan	BAOJIA.com
Toyota	Getaround	Haima	YIXIN
Citroen	Koolicar	Buick	Evcard
Ford	Lyft		
Volkswagen	Gett		

Ausgenommen vom Rückzug auf das Kerngeschäft sind *Connected Car Services,* die sich gleichfalls als Baustein in einer produktbezogenen OEM-Geschäftsstrategie einfügen.

3.2 Kategorien von Connected Car Services

Die Dienstleistungen, die unter dem Begriff *Connected Car Services* firmieren, lassen sich zu vier Kategorien zusammenfassen (⬛ Abb. 3.2) (vgl. Bratzel und Thömmes 2019: 52). Allen Angebote n gemeinsam ist die digitale Vernetzung und Datenverarbeitung (Bosler et al. 2019: 82 f.; folgend aufgeführte Beispiele aus: Gerpott 2019: 4 f.).

> ❯ Merksatz: Dienstleistungen, die unter dem Begriff *Connected Car Services* zusammengefasst sind, ergänzen die reine Fahrfunktion von Automobilen um Zusatzfunktionen, die teilweise unabhängig von den Anforderungen der Fortbewegung sind und auf digitale Kommunikation und Datenverarbeitung beruhen.

3.2.1 Remote-Dienste

Unter *Remote-Dienste* sind Angebote zusammengefasst, die einen digitalen Zugriff auf das Fahrzeug aus der Ferne ermöglichen (vgl. Gerpott 2019: 2). Als Kommunikationsschnittstelle fungieren zumeist Smartphone-Applikationen und Internetplattformen. Anwendungen von Remote-Diensten beinhalten:

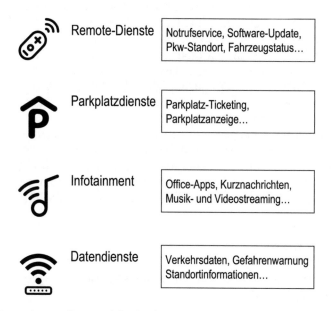

⬛ **Abb. 3.2**   Kategorien von Connected Car Services

3

- Integration von Smart-Home-Anwendungen
- Benachrichtigung bei Diebstahl oder dem Verlassen definierter Gebietsgrenzen (Geofencing)
- Bericht zu Fahrzeugstatus (Tankfüllung, Reifendruck) und Fahrzeugstatistiken (Fahrleistung, Verbrauchswerte)
- Wartungsmanagement und Ferndiagnose durch die Hersteller – für eine proaktive Kontaktaufnahme bei Wartungsbedarf
- Updates der Fahrzeugsoftware durch die Hersteller

Die Europäische Union schreibt seit dem Jahr 2018 mit dem eCall einen Remote-Dienst für alle Neufahrzeuge vor, um die Sicherheit zu erhöhen: Der eCall ist ein im Fahrzeug verbautes Notrufsystem, das sich bei einem schweren Unfall automatisch über Mobilfunk mit der nächstgelegenen Rettungsleitstelle verbindet. Eine integrierte Satellitenortung ermöglicht die Übersendung der Position. Bei anderen Notfällen kann das System manuell ausgelöst werden.

3.2.2 Parkplatzdienste

Parkplatzdienste verstehen sich als Lotsen zu freien Stellflächen. Über Echtzeit-Informationen können Kunden gezielt verfügbare Parkflächen identifizieren und anfahren. Sollte ein Dienst flächendeckend in einer Stadt verfügbar sein und eine Vielzahl der Fahrzeuge darauf zugreifen können, so die Idee, könnte sich der Parksuchverkehr spürbar reduzieren. Deswegen sind Kommunen an der Durchdringung von Parkplatzdiensten interessiert. Sie erhoffen sich weniger Verkehrsbelastungen und die effizientere Nutzung des öffentlichen Raums. Insofern integrieren einige Smart-City Anwendungsfälle mancher Kommune explizit solche Parkplatzdienste (vgl. ▶ Kap. 6).

Die in das Fahrzeug gespielten Echtzeit-Informationen enthalten Daten zu verfügbaren Stellflächen auf Parkplätzen und in Parkhäusern (off-street), die sich zumeist aus dem Parkleitsystem der Stadt speisen. Andere Systeme detektieren und prognostizieren Parklücken im öffentlichen Raum (on-street) und stellen die Ergebnisse den Parkdiensten zur Verfügung. Neben der Navigation zu Stellflächen wickeln Parkplatzdienste in manchen Anwendungsfällen die Bezahlung von Gebühren innerhalb zahlungspflichtiger Parkzonen ab.

Mit den *Intelligent Parking Solutions* entwickelt etwa Siemens eine Lösung zur Detektion von freien Stellplätzen im öffentlichen Raum mittels Untergrundsensoren und Überkopfdetektoren. Anhand der von diesen Sensoren generierten Daten prognostiziert das System die Verfügbarkeit von Stellplätzen an gewünschten Zielorten und übergibt die Ergebnisse an Navigationssysteme (Buhl 2015).

3.2.3 Infotainment

Die Kategorie *Infotainment* umfasst eine Reihe von Anwendungen aus dem Büro- und Unterhaltungsbereich:

- Verknüpfung zu Informations- und Unterhaltungsdienstleistern sowie Übertragung von Medieninhalten: Musik- und Video-Streaming, Internetradio oder Reiseführer- und Wetter-Dienste, Social-Media – deren Meldungen etwa während der Fahrt vorgelesen werden
- Office-Anwendungen (Mail, Dokumentenbearbeitung, Terminmanagement), Online-Suche
- Ein im Fahrzeug verbauter WLAN-Hotspot inklusive Optionen für verschiedene Datenpakete
- Concierge Services (Persönlicher digitaler Assistent)

3.2.4 Datendienste

Die Kategorie der *Datendienste* kann als Sammelbegriff für ein breites Feld von *Connected Car Services* angesehen werden. Herauszustellen ist die Integration von Echtzeitdaten in das Verkehrs- und Navigationssystem, aber auch die Einspeisung von Standortinformationen fallen in diese Kategorie:

- Verkehrsinformationen in Echtzeit (Live Traffic), Verkehrszeicheninformation oder die Zielansicht via Street View Anwendungen in der Navigationsanzeige,
- onlinebasierte Point of Interest-Suche im Infotainmentsystem und Standortinformationen
- Predictive Navigation (automatische Vorschläge zur Routenführung) sowie
- Routenplanung für Elektrofahrzeuge inkl. Reichweitenberechnung und Ladestationsanzeige

3.2.5 Kundenakzeptanz und Kundennutzen

Sensoren, mobile Endgeräte, eine leistungsfähige Datenverbindung und -verarbeitung bilden die technische Grundlage der *Connected Car Services*. Deren Potenziale können sich voll entfalten, wenn eine kritische Masse von Nutzenden die Funktionen verwendet (Holland und Zand-Niapour 2017: 5). Damit fällt eine entscheidende Rolle der Kundenakzeptanz und dem Kundennutzen zu. Nur bei der Akzeptanz der Anwendungen gelingt es den Herstellern, den Markt mit ihren Produkten zu durchdringen. Dabei gibt es für die Kunden nicht nur Vorteile, sie sind ebenso mit einer Reihe von Nachteilen konfrontiert.

Die Vorteile fallen in die Bereiche Sicherheit, Effizienz und Komfort (Holland 2019: 95): Eine Gefahrenwarnung durch vernetzte Fahrzeuge und Assistenzsysteme, Echtzeitverkehrsinformationen und personalisierte Angebote beeinflussen zunehmend die emotionale Beurteilung und damit Kaufentscheidungen (vgl. Mihale-Wilson et al. 2019; Rao 2017).

> Merksatz: Kunden sind an **Connected Car Services** besonders interessiert, wenn der Dienst sich im unmittelbaren Umfeld des Fahrens bewegt – wie etwa Sicherheitsfunktionen, Parkplatzsuche oder Echtzeitinformationen zum Verkehrsgeschehen. Weniger

nachgefragt sind hingegen Zusatzservices, wie Office-Lösungen, Smarthome-Anwendungen oder Standorthinweise. Diese Leistungen werden oft bereits über Smartphone-Applikationen abgebildet.

Den Angeboten der *Connected Car Services* wird von Seiten der Kunden genauso mit Skepsis begegnet: Als negative Folge werden Komplexität und Bedenken hinsichtlich Datenschutzes und -sicherheit beschrieben. Umfragen bestätigen die Herausforderung, die die zunehmende Komplexität der Funktionen für den Kunden mit sich bringt (Riekhof und Scholz 2020: 38).

Für die Hersteller könnte eine veränderte Produktwahrnehmung künftig Schwierigkeiten hervorbringen: Derzeit gehen die Hersteller davon aus, dass das Fahrzeug im Zentrum des Interesses ihrer Kunden steht. Die steigende Bedeutung von mobilen Endgeräten als technisches Zentrum des Alltags sowie die zunehmende Verknüpfung von Smartphone und Fahrzeugen, verschiebt die Produktwahrnehmung. Es kann davon ausgegangen werden, dass statt weiterer Funktionen im Fahrzeug, Kunden eher eine nahtlose Integration ihrer mobilen Endgeräte erwarten, sodass sie mehrheitlich ihre Mobilgeräte die Funktionen von *Connected Car Services* abbilden und die Fahrzeuge lediglich eine Schnittstelle bereitstellen (Johanning und Mildner 2015: 98 f.).

3.3 Geschäfts- und Erlösmodelle

Digitale Dienstleistungen verlangen nach eigenen Wertschöpfungsprozessen. Mit der Einführung von *Connected Car Services* suchen die Hersteller nach Strategien, mit denen sie die hinter diesen Dienstleistungen stehenden Geschäfts- und Erlösmodelle an die neuen Anforderungen anpassen. Als Geschäftsmodell ist in diesem Zusammenhang eine konkrete Ausgestaltung der oben genannten Geschäftsstrategien zu verstehen. Hierbei ein ähnlicher Wandel auffällig: von produktbasierten Geschäftsmodellen hin zu digitalen mitunter plattformbasierten Ansätzen (vgl. Spieth et al. 2020).

Der Begriff *Geschäftsmodell* steht zunächst einmal für eine vereinfachte Abbildung der Geschäftsprozesse eines Unternehmens. Geschäftsmodelle dienen u. a. dazu, die Mechanismen in einem Unternehmen zu verstehen (Wirtz und Mermann 2015: 220). Aus einer strategischen Perspektive beschreibt ein Geschäftsmodell die Kombination der Produktionsfaktoren eines Produktes oder einer Dienstleistung. Wirtz (2021) grenzt den Begriff des *Geschäftsmodells* (er nennt es englisch *Business Model*) hinsichtlich technischer, organisatorischer und strategiebezogener Kriterien ab und stellt folgende Begriffsbestimmung auf:

Definition: „Ein Business Model stellt eine stark vereinfachte und aggregierte Abbildung der relevanten Aktivitäten einer Unternehmung dar. Es erklärt wie durch die Wertschöpfungskomponente einer Unternehmung vermarktungsfähige Informationen, Produkte und/oder Dienstleistungen entstehen. Neben der Architektur der Wertschöpfung werden die strategische sowie die Kunden- und Marktkomponente berücksichtigt, um das übergeordnete Ziel der Generierung beziehungsweise Sicherung des Wettbewerbsvorteils zu realisieren." (Wirtz 2021: 76)

Ein Geschäftsmodell lässt sich in drei Elemente einteilen:

1. *Value Proposition* – formuliert den Nutzen, den der Kunde durch das Produkt oder die Dienstleistung gewinnt,
2. *Erlösmodell* – legt die Leistung und die Form dar, mit der das Unternehmen seine Umsätze generiert sowie
3. *Wertschöpfungsmodell* – zeigt auf, wie die Leistung erstellt wird und welchen Wertschöpfungsbeitrag die beteiligten Akteure leisten (Diez 2015: 165).

Versteht man diese drei Elemente innerhalb der produktbasierten Geschäftsmodelle im Vergleich zu den Elementen der Modelle von digitalen Dienstleistungen, lässt sich beurteilen, wie Automobilhersteller ihre *Connected Car Services* in ihre Strategie und übergeordnete Wertschöpfung einbinden.

3.3.1 Klassifikation digitaler Leistungen

Durch die voranschreitende Vernetzung von Fahrzeugen bilden sich komplexe Systeme aus. Die digitale Weiterentwicklung ist dadurch gekennzeichnet, dass die Produkte und Dienstleistungen rund um das Fahrzeug zunehmend die eigenen Systemgrenzen durch digitale Lösungen überschreiten und Plattformen die Interaktion mit Drittanwendungen ermöglichen (◻ Abb. 3.3).

Dienstleistungen im *produktbasiertem Geschäftsmodell* agieren in einem geschlossenen System, dass das Produkt ins Zentrum stellt. Die Daten werden im System verarbeitet, angezeigt und der Datentransfer ist auf eine Ein-Weg-Kommunikation ausgerichtet. Das ermöglicht systemimmanente Zusatzdienstleistungen, wie Statusanzeigen, Fahrassistenz oder Standortinformationen.

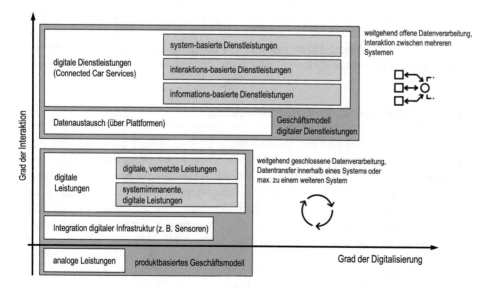

◻ **Abb. 3.3**   Klassifikation digitaler Leistungen (übernommen aus Proff 2019: 161)

Das *Geschäftsmodell digitaler Dienstleistungen* nutzt die Möglichkeiten der Datenübertragung und -verarbeitung für individualisierte und integrierte digitale Produkte. Indem sie große Datenmengen (Big Data) sowohl speichern als auch analysieren und für Dritte bereitstellen, ermöglichen digitale Plattformen eine Interaktion zwischen mehr als zwei Systemen (Proff 2019: 161 f.).

Produktbasiertes Geschäftsmodell

Im produktbasierten Geschäftsmodell versuchen die Fahrzeughersteller, den zunehmend durch Individualisierung geprägten Kundenwünschen durch neue Baureihen, angepasste Fahrzeugklassen und -konzepte oder durch die Konfigurierbarkeit der Fahrzeugausstattung gerecht zu werden (Hoßfeld et al. 2020: 424). Das produktbasierte Geschäftsmodell prägte die letzten Jahrzehnte im Automobilbau. Es ist absehbar, dass auch künftig das produktbasierte Geschäftsmodell die Grundlage der Fahrzeugherstellung bildet.

Mit den *Connected Car Services* ergänzen die Hersteller allerdings diese etablierte Absatzstrategie um digitale Geschäftsmodelle. Hier öffnet sich ein neues Feld möglicher Konfigurationen, Ansätze und Erlösmöglichkeiten.

Geschäftsmodell digitaler Dienstleistungen

Mit den *Connected Car Services* sind digitale Dienstleistungen in das Fahrzeug eingekehrt. Diese bringen eigene Geschäftsmodelle mit, die sich weniger an den etablierten Modellen der Automobilindustrie orientieren, sondern vielfach am Vorgehen der IT- und Kommunikationsbranche angelehnt sind: Im Kern der Wertschöpfung stehen digitale Plattformen (vgl. Jud et al. 2019; Moazed und Johnson 2016).

Digitale Plattformen lassen sich in *marktorientierte Plattformen* und *technologieorientierte Plattformen* unterscheiden. Marktorientierte Plattformen bilden einen eigenen Markt ab, auf dem Kunden und Dienstleister zusammenkommen und interagieren (siehe ▶ Kap. 4). Eine technikorientierte Plattform versteht sich als eine Schnittmenge von Kernprodukten, -dienstleistungen oder -technologien, die als Grundlage weiterer zumeist digitaler Produkte und Dienstleistungen fungiert (Weiß et al. 2019: 99). In diesem Sinne bilden vernetzte Fahrzeuge und die damit einhergehende IT-Infrastruktur der Fahrzeughersteller jene Technikplattform auf der *Connected Car Services* aufsetzen.

3.3.2 Digitale Wertschöpfungsprozesse

Vereinfacht ausgedrückt ist der Prozess einer Wertschöpfung zunächst eine Aktivität oder eine Gruppe von Aktivitäten, die einen *Input* (Vorleistung) einen Wert hinzufügt und das Ergebnis als *Output* (Produkt/Dienstleistung) einem Kunden anbietet (Harrington 1991: 24). Eine Vorleistung durchläuft demnach einen Wertsteigerungsprozess, der sie zu einem Produkt oder Dienstleistung transformiert (◻ Abb. 3.4). Somit schafft ein Unternehmen entlang der Wertschöpfungsprozesse einen Wert für interne oder externe Kunden (Sucky 2019: 345).

❯ Merksatz: Wertschöpfung stellt den Mehrwert dar, den eine Wirtschaftseinheit (Unternehmen) durch ihre wirtschaftliche Tätigkeit (Wertschöpfungsprozess) schafft (Haller 2002: 2131).

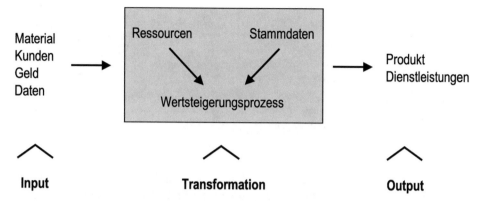

Abb. 3.4 Vereinfachte Darstellung der Wertschöpfung im Produktionsprozess (Kummer et al. 2018: 130)

Die Möglichkeiten der Datenübertragung und -verarbeitung erweitern die klassischen Prozesse der Wertschöpfung. Daten und Informationen sind die Treiber dieser neuen Wertschöpfung. Aus einem Zusammenspiel digitaler und physischer Wertschöpfung gehen neue oder erweiterte Produkte, Dienstleistungen und Geschäftsmodelle hervor. So entstehen etwa neue Anwendungsfelder, indem materielle Produkte erweitert werden um Sensorik, Optik und Aktorik im Rahmen des Internet der Dinge (IoT). Insgesamt sind digitale Wertschöpfungsprozesse mindestens durch den Einsatz von einem aus drei möglichen Formen digitaler und vernetzter Technik geprägt:

1. datengetriebene Algorithmen,
2. maschinelles Lernen und Robotik als Motor der Automatisierung sowie
3. Digitalisierung von Prozessen (Kirchner et al. 2018).

Digitale Dienstleistungen, Datenübermittlung und -verarbeitung erlauben neue Erlösmodelle, die sich von den klassischen Ansätzen abheben und zu einer weiteren Differenzierung der Kundenansprache führen.

3.3.3 Erlösmodelle von Connected Car Services

Die Automobilhersteller orientieren sich bei der Einführung neuer Erlösmodelle überwiegend an jenen Typen, die die IT-Industrie für die Monetarisierung von Hardware und Software ausgebildet hat. Ein wesentliches Unterscheidungsmerkmal liegt in den *direkten* und *indirekten Erlösquellen* (◘ Tab. 3.2) (Clement et al. 2019: 16 f.):

- *Direkte Erlöse* erzielen die Hersteller durch Einzeltransaktionen. Kunden zahlen direkt für die Nutzung eines Produktes oder einer Dienstleistung, und zwar abhängig von der Menge oder der Nutzungsdauer. Direkte Erlöse werden auch über eine ganzheitliche Lösung erzielt, in dem etwa Hardware und Dienstleistung in einem Paket verkauft werden.
- Bei Produkten oder Dienstleistungen, die auf *indirekte Erlöse* zielen, trennt man zwischen Kernleistung und Nebenleistung. Diese Form indirekter Erlöserzielung

◘ Tab. 3.2 Basis-Erlösmodelle (Clement et al. 2019: 16)

	Direkte Erlöse	Indirekte Erlöse
nutzungsabhängig	Verkaufserlöse Verbindungsgebühren Nutzungsgebühren	Provision
nutzungsunabhängig	Einrichtungsgebühren Grundgebühren Lizenz	Werbung Data Mining Sponsorship

funktioniert nach dem sogenannten Symbiose-Prinzip: Dabei wird eine Kernleistung überwiegend kostenfrei angeboten. Die Kernleistung dient dazu, möglichst hohe Nutzendenzahlen zu generieren. Im Gegenzug für die kostenfreie Nutzung liefern die Anwender und Anwenderinnen mehr oder weniger freiwillig Daten. Auf Basis dieser Daten wird für einen gewerblichen Kunden eine kostenpflichtige Nebenleistung bereitgestellt – dabei überwiegen vor allem Werbemöglichkeiten und der Verkauf von Nutzungsdaten. Insofern finanzieren die zahlenden Kunden die nicht zahlenden Nutzenden mit.

Im Umfeld der *Connected Car Services* haben sich eine Reihe von Konkretisierungen direkter und indirekter Erlösquellen herausgebildet. Die Erlösmodelle der Automobilindustrie können nach Schäfer et al. (2015) eingeordnet werden in (a) IoT-basierte Modelle, (b) plattformbasierte Modelle sowie (c) Software-orientierte Modelle – jeweils mit einer Reihe an Ausprägungen (◘ Tab. 3.3).

Die entsprechenden Erlösmodelle charakterisieren sich wie folgend (Schäfer et al. 2015: 393 ff.):

– *Add-on:* Das Erlösmodell *Add-on* verlangt vom Kunden kostenpflichtige Zusatzoptionen, die zusätzlich zu kostenlosen oder inkludierten Zubehörmodulen angeboten werden. Bei einem digitalen *Add-on* bedeutet dies, dass ein physisches Produkt durch digitale Dienste und Funktionen erweitert wird. Das Nutzenversprechen für den Kunden leitet sich aus einem auf seine spezifischen Bedürfnisse optimal abgestimmten Angebot ab. Als Beispiel können Erweiterungen des Navigationssystems (physisches Produkt) genannten werden, die durch den Download optionaler, aber kostenpflichtiger Straßenkarten (digitaler Dienst) ergänzt werden.

◘ Tab. 3.3 Erlösmodelle von Connected Car Services der Automobilhersteller (vgl. Schäfer et al. 2015: 393)

	Erlösmodell
IoT-basierte Modelle	Add-on Cross Selling E-Commerce Leverage Customer Data
plattformbasierte Modelle	Layer Player Orchestrator
software-orientierte Modelle	Digitalization

- *Cross Selling:* Beim *Cross Selling* wird ein bestehendes Plattform-Ökosystem um komplementäre Produkte und Dienstleistungen ergänzt. Das Erlösmodell verfolgt das Ziel, Zusatzverkäufe zu generieren sowie bestehende Kundenbeziehungen, Ressourcen und Kompetenzen besser auszunutzen. Das Nutzenversprechen für den Kunden ergibt sich aus der Deckung seines Bedarfs durch einen einzigen Geschäftspartner, der Hardware und digitale Dienstleistungen aus einer Hand vertreibt.

- *E-Commerce:* Beim E-Commerce kauft der Kunde Produkte und Dienstleistungen nicht wie bisher überwiegend im stationären Handel – also im Autohaus –, sondern direkt über einen eigenen Online-Marktplatz. Dabei entfallen sowohl persönliche Beratung als auch Funktionstests. Für den Kunden entsteht beim E-Commerce im Bereich der *Connected Car Services* der Vorteil, dass er Funktionen nachrüsten kann, ohne sich vor dem Fahrzeugkauf Gedanken über spätere Nutzungsaspekte machen zu müssen. Das Unternehmen hat den Vorteil, dass digitale Verkaufsdaten ausgewertet und analysiert werden können.

- *Leverage Customer Data:* Das Erlösmodell *Leverage Customer Data* sieht die mehrseitige Erfassung von Kundendaten sowie deren gewinnbringende Verarbeitung vor. Basierend auf dem IoT werden Echtzeit-Sensordaten erfasst, verarbeitet und verkauft. Dieses Erlösmodell wird zuweilen als Sensor as a Service bezeichnet Im Bereich der Connected Car Services wird dieses Erlösmodell auf Fahrzeugdaten (Telematikdienste), rettungsrelevante Daten (intelligenter Notruf) und positionsrelevante Daten (Verkehrsinformationen in Echtzeit) angewendet – diese Daten werden vom Automobilhersteller vollautomatisch gesammelt und zur Verbesserung des eigenen Plattform-Ökosystems genutzt.

- *Layer Player:* Beim Erlösmodell *Layer Player* bietet ein Unternehmen Produkte und Dienstleistungen nicht ausschließlich innerhalb einer Branche, sondern auf verschiedenen Wertschöpfungsstufen für unterschiedliche Marktsegmente an. Durch seinen hohen Spezialisierungsgrad profitiert der sogenannte *Layer Player* von einer erhöhten Effizienz sowie einer Multiplikation seiner Kompetenz und seiner Eigentumsrechte. Für *Connected Car Services* können Bündnisse zwischen Automobilzulieferer und Internetkonzerne herangezogen werden: Während die Automobilzulieferer als Spezialisten für das Notrufmanagement etwa die technische Grundlage für einen intelligenten Notruf bieten, fungieren Internetkonzerne als spezialisierte Lieferanten für Kartenmaterial und geographische Daten (Navigation/Verkehr).

- *Orchestrator:* Beim Erlösmodell *Orchestrator* bindet das anbietende Unternehmen verschiedene spezialisierte Zulieferer und Dienstleister in ein Plattform-Ökosystem ein und koordiniert deren Wertschöpfungsaktivitäten. Zwar entstehen dem koordinierenden Unternehmen (*Orchestrator*) relativ hohe Transaktionskosten, es kann sich jedoch gleichzeitig auf seine Kernkompetenzen konzentrieren. Zumeist fungiert der jeweilige Plattformführer als *Orchestrator* spezialisierter Smart Services.

- *Digitalization:* Letztlich werden innerhalb der als *Digitalization* zusammengefassten Erlösmodelle bislang physische Produkte digital dargestellt und in digitale Dienste überführt. Das beinhaltet einerseits die interne digitale Abbildung von Geschäftsprozessen und -funktionen und andererseits die Entwicklung neuer Plattform-Ökosysteme. Die zugrunde liegenden Effizienzkriterien – wie reduzierte Produktionskosten, eine schnellere Distribution sowie die Substitution physischer Dienstleistungen – orientieren sich damit an jenen Erfordernissen, die für Software und Online-Dienste aufgestellt werden. Beispiele für diese Art der Erlösmodelle sind Telematikdienste und Predictiv Analytics: Weichen von Sensoren erfasste Parameter im Fahrzeug von vorgegebenen Werten ab, reagieren im Hintergrund agierende digitale Dienste und schlagen beispielsweise automatisch einen Servicetermin in einer Vertragswerkstatt vor. Ein weiteres Beispiel sind Remote Services: Eine prominente Anwendung liegt bei der Fahrzeugverriegelung und der Motorfreigabe – hier haben mobile Anwendungen die Nutzung eines physischen Schlüssels zur Entriegelung der Türen und für dem Startvorgang des Motors ersetzt.

3.4 Datenschutz und Datensicherheit

Mit der Datenverarbeitung im Fahrzeug und der Datenübermittlung über das Fahrzeug hinaus, erlangen der Datenschutz und die Datensicherheit eine wesentliche Bedeutung. Daten zur Fortbewegung, zur Verkehrsmittelnutzung und zum Verkehrsverhalten berühren ähnlich wie Gesundheitsdaten einen sensiblen Bereich der Persönlichkeit. Die Verbraucherschutzbestimmungen verlangen daher einen besonderen Schutz bei der Erhebung, Verarbeitung und Nutzung dieser Daten. Auf der anderen Seite interessieren sich Hersteller, öffentliche Hand oder externe Dienstleister für diese Art von Daten. Sie möchten die massenhaft anfallenden Daten analysieren und Erkenntnisse zu ihren Produkten oder dem Verkehrsgeschehen ableiten. Damit ergibt sich ein Spannungsfeld zwischen informationeller Selbstbestimmung und der Verarbeitung von Daten für kommerzielle oder staatliche Zwecke. Dieses Spannungsverhältnis ist noch nicht abschließend gelöst.

3.4.1 Akteure – Wer sich für Kfz-Daten interessiert

Eine ganze Reihe an Akteuren interessieren sich für die Daten, die rund um das Fahrzeug anfallen. Die System- und Betriebsdaten, die im Fahrzeug generiert werden, sind für mindestens drei Gruppen relevant (Roßnagel 2014: 281 f.):

1. *Hersteller, Vertragshändler und Vertragswerkstätten:* Die Automobilhersteller verbauen die Datenverarbeitungsgeräte und entscheiden, in welchem Format die Daten gespeichert und verarbeitet werden. Sie haben ein vielfältiges Interesse an den Fahrzeugdaten. Sie wollen ihre Produkte zielgruppengerecht weiterentwickeln und Fehler erkennen. Herstellern und Händlern dienen die Daten dazu, die Fahrzeugwartung zu beurteilen sowie Fälle der Gewährleistung oder Produkthaftung zu überprüfen. Darüber hinaus bieten sie zusätzliche fahrzeugbezogene Dienstleistungen an. Dazu gehören beispielsweise die Fernüberwachung des Fahrzeugzustands oder die Aktualisierung der Fahrzeugsoftware. Die Vertragswerkstätten führen die für die Garantiezusagen notwendigen Inspektionen durch, sie interessieren sich vor allem für Wartungsintervalle und Diagnosedaten.

2. *Externe Dienstleister:* Eine Reihe von externen Anbietern haben sich auf Zusatzdienstleistungen spezialisiert, bei denen Kfz-Daten ein entscheidendes Produktmerkmal darstellen. Dazu gehört die Unfall- und Pannenhilfe genauso

wie Telematiktarife von Kfz-Versicherungen. Zahlreiche Internetanwendungen verarbeiten standortbezogene Kfz-Daten, Karten-Dienstleistungen, Anzeige von Verkehrszuständen oder Funktionen von Betriebssystemen mobiler Endgeräte.

3. *Halter/in und Fahrer/in:* Personen, die ein Fahrzeug besitzen oder fahren, haben ein Interesse daran, dass ihre informationelle Selbstbestimmung gewahrt bleibt und sie über die Verwendung der von ihnen erzeugten oder eingebrachten Daten entscheiden können.

Die drei Gruppen lassen sich weiter differenzieren und ergänzen (◻ Abb. 3.5). So können etwa Kommunen oder Behörden zur Erfüllung ihrer hoheitlichen Aufgaben von den Daten profitieren – für die Planung des Straßenverkehrs, im Rahmen von Strafverfahren oder etwa zur Rekonstruktion von Unfällen (vgl. Schreck 2020: 27 ff.).

Schätzungen gehen davon aus, dass vernetzte Fahrzeuge bereits mehr als 25 Gigabyte an Daten produzieren, und das je Stunde (Holland 2019: 252). Die wichtigsten Datenquellen finden sich in den Systemkomponenten, die den Betrieb und den Fahrzeugzustand überwachen, ergänzt durch die zahlreich verbauten Sensoren, die u. a. Umfelddaten erfassen. Daneben geben die Personen, die das Fahrzeug besitzen oder fahren, weitere Daten ein – entweder direkt über eine Schnittstelle (bei der Verwendung der fahrzeugeigenen Navigation, personenbezogener Profile der Fahrer/in, dem Infotainment-System) oder indirekt mittels der Koppelung mobiler Endgeräte (in dem Fall greift das Kfz-System etwa auf die im Smartphone gespeicherten Daten zu).

Die vom Fahrzeug erzeugten und gespeicherten Datentypen lassen sich in vier Kategorien zusammenfassen (Öksüz et al. 2017: 18):

1. *Daten, die von den Nutzenden eingebracht oder durch deren Aktivitäten generiert werden:* Hierbei handelt es sich um (a) direkt eingebrachte Daten der Personen, wie Infotainment- und Komforteinstellung (Einstellungen von Sitzen und Rückspiegeln, Radiosender und Lautstärke, Klimaanlage und Innenraumtemperatur) sowie Standort- und Navigationsdaten, (b) Daten zum individuellen Fahrverhalten (Geschwindigkeit, Abstand zu vorausfahrenden Fahrzeugen, Schalt-, Lenk- und Bremsverhalten, Gurtstraffungen, Anzahl zurückgelegter Kilometer nach

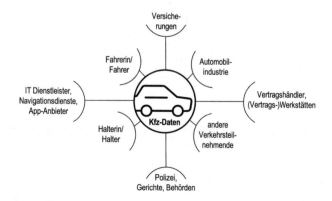

◻ **Abb. 3.5** Akteure, die sich für Daten vernetzter Fahrzeuge interessieren (angelehnt an Öksüz et al. 2017: 16)

Autobahn, Stadt- und Landstraßen), sowie (c) indirekt eingebrachte Daten gekoppelter Smartphones (Kontakt- und Kalendereinträge, Unterhaltungsmedien, Daten verwendeter Applikationen).

2. *Dem Fahrzeug zugeordnete Daten:* Dazu gehören die Grunddaten des Fahrzeuges und Kennungen, die der eindeutigen Identifizierung dienen – wie die Fahrzeug-Identifizierungsnummer, das Fahrzeugmodell und das amtliche Kennzeichen.

3. *Im Fahrzeug erzeugte technische Daten:* Dazu gehören alle Betriebskennwerte (Füllstände und Verbrauch, Sensor-Daten, Aktuator-Daten, Einspritzzustände des Motors, Motorlast und Drehzahl, Geschwindigkeit und Kilometerleistung) sowie weiterhin aggregierte Fahrzeugdaten (Fehlfunktionen, Durchschnittsgeschwindigkeit, Betriebsstunden, Durchschnittsverbrauch).

4. *Umgebungsdaten:* Umgebungsdaten sind Daten, die durch Sensoren erfasst oder über Kommunikationsschnittstellen eingespeist werden – Abstandswerte und Kennungen anderer Verkehrsteilnehmer (einschließlich Radfahrende, Zu-Fuß-Gehende), Verkehrsinfrastruktur und Straßenzustand, Verkehrszustandsdaten (Unfälle, Behinderungen, stockender Verkehr) sowie Wetterdaten.

Datenschutzrechtlich relevante Kernbereiche

Aus dem Blickwinkel des Datenschutzes sind insbesondere die personenbezogenen Daten relevant. Für diese Art der Daten gelten gesondert Regelungen, die sich aus den Vorgaben der Datenschutz-Grundverordnung (DSGVO) und künftig aus einer geplanten ePrivacy-Verordnung der Europäischen Union ergeben (vgl. Raith 2019: 76 f.). Das Bundesverkehrsministerium identifiziert in einem Bericht zur IT-Sicherheit und Datenschutz die besonders schützenswerten Daten vernetzter Fahrzeuge zu drei datenschutzrelevanten Kernbereiche:

> Datenschutzrelevante Kernbereiche nach dem Bundesverkehrsministerium:
> "Kernbereich 1: Die Aufzeichnung von personenbezogenen Fahrzeug-, Fahr- und Umweltdaten für den Zweck einer späteren Verarbeitung.
> Kernbereich 2: Die Verarbeitung von personenbezogenen Fahrzeug-, Fahr- und Umweltdaten über eine Online-Schnittstelle für die Nutzung von Online-Diensten oder andere Zwecke.
> Kernbereich 3: Die Verarbeitung von personenbezogenen Fahr- und Umweltdaten im Rahmen der Car-to-Car/Infrastructure-Kommunikation für Zwecke des AVF [automatisiertes und vernetztes Fahren]." (BMVI 2017: 62)

3.4.2 Regelung von Datenzugang und Datenverwendung

Der Zugang der im Fahrzeug generierten Daten liegt derzeit fast ausschließlich beim Hersteller. Die Hersteller kontrollieren die Datenverwendung, sie besitzen somit ein Daten-Monopol. Gleichwohl haben eine Reihe von Akteuren ein berechtigtes Interesse an den Daten, allen voran Behörden oder externe Dienstleister. Sie möchten fahr- und fahrzeugbezogene Dienstleistungen ausbauen oder im Rahmen ihrer hoheitlichen Aufgaben die Daten verwenden (siehe ◖ Abb. 3.5 weiter oben). Mit der Kontrolle über die Datennutzung bestimmen die Hersteller auch über den Zugang zu den Daten – sie können nach Belieben, dem einen Dienstleister den Zugang gewähren und dem anderen verweigern. Unter dem Gesichtspunkt eines diskriminierungsfreien Wettbewerbs erweist sich diese Datenhoheit als schwierig.

Aus diesem Grund diskutieren die Behörden der Europäischen Union über eine Regulierung des Datenzugangs im Automobilmarkt. Allerdings gibt es bislang keine konkrete Gesetzesinitiative, sodass ein vom Gesetzgeber initiierter und regulierter diskriminierungsfreier Zugang nicht absehbar ist.

Der Verband der deutschen Automobilindustrie hat hingegen ein Konzept vorgelegt, das den Zugang zum Fahrzeug und zu im Fahrzeug generierten Daten spezifiziert (VDA 2016, 2021). Der Kern des Konzeptes besteht darin, dass jeder Hersteller die Rolle eines Systemadministrators einnimmt, damit für die Datensicherheit zuständig ist und über Schnittstellen den Datenzugriff ermöglicht. Dabei sollen Dritte über Schnittstellen (oder über sogenannte neutrale Server, welche die Daten der verschiedenen Hersteller zusammentragen) auf Fahrzeugdaten zugreifen können. Bilaterale Vereinbarungen regeln die jeweiligen Geschäftsbeziehungen und definieren die Rechte der Datennutzung zwischen Hersteller und externen Dienstleistern.

Seitens der Hersteller gibt es jedoch noch keine Initiative zur Umsetzung des Konzepts. Insgesamt ist damit der Datenzugriff und die Datennutzung nicht abschließend geregelt – herstellerübergreifende Schnittstellen fehlen.

3.4.3 IT-Sicherheit

Die zunehmende Vernetzung und Komplexität der Fahrzeugsoftware bietet zahlreiche Angriffspunkte für Attacken auf die Informationstechnik. Datensicherheit und Abwehrfähigkeit gegen potenzielle Angriffe auf IT-Systeme sind daher Grundvoraussetzungen für den Einsatz in vernetzten Fahrzeugen.

Das Fahrzeug und seine Informationstechnik stehen im Mittelpunkt der Sicherheitsmaßnahmen, die Herausforderungen zur Gewährleistung der Datensicherheit liegen jedoch auf Ebenen, die über das Fahrzeug hinausgehen. Generell unterschieden werden drei Ebenen: a) Fahrzeug, b) Backend-Systeme der Hersteller, c) öffentliche Infrastruktur und externe Dienstleistungen (vgl. Breuing et al. 2019). Die Ziele möglicher Angriffe erstrecken sich somit auf mindestens folgende Instanzen:

- Fahrzeuge mit Schnittstellen zu anderen Fahrzeugen und der Infrastruktur
- Rechenzentren der Fahrzeughersteller
- Infrastrukturkomponenten, ihre Funktionen und Dienste sowie Verkehrsleitzentralen
- Verkehrs-Informationsdienste
- Kommunikationsinfrastrukturen
- die drahtlose Kommunikation generell (Ullmann et al. 2019: 307)

Damit wird deutlich, dass es im Bereich der Datensicherheit zu kurz greift, den Blick allein auf das Fahrzeug zu richten. Um Manipulationen abzuwehren, sind

IT-Sicherheitsmaßnahmen auf allen Ebenen notwendig. Obwohl es sich beim Verkehrssystem allgemein um eine kritische Infrastruktur unserer Gesellschaft handelt, aber auch weil Manipulationen oder Angriffe auf Fahrzeuge die individuelle Sicherheit und Gesundheit von Menschen gefährden, bestehen bislang keine gesetzlichen Vorschriften, die spezifisch die IT-Sicherheit von Fahrzeugen regeln (vgl. Ullmann et al. 2019). Damit sind Sicherheitsmaßnahmen weitgehend abhängig von den Fähigkeiten, Ressourcen und dem Verantwortungsbewusstsein der einzelnen Akteure – allen voran den Automobilherstellern.

Erste Initiativen für herstellerunabhängige Ansätze zur Gewährleistung der Datensicherheit im Fahrzeug bestehen in der ISO/SAE FDIS 21434, ein Standard zur Cyber-Security in Kraftfahrzeugen (ISO/SAE International 2021). Der Standard spezifiziert technische Anforderungen für die Bedrohungsanalyse und Risikobewertung in Bezug auf Konzept, Produktentwicklung, Produktion, Betrieb, Wartung und Stilllegung von elektrischen und elektronischen Systemen in Straßenfahrzeugen, einschließlich ihrer Komponenten und Schnittstellen. Es wird ein Rahmenwerk definiert, das Anforderungen für Cybersicherheitsprozesse und Begriffsdefinitionen von Cybersicherheitsrisiken enthält.

Mit der zunehmenden Durchdringung vernetzter Fahrzeuge und mit steigender Komplexität der Verkehrssysteme ist zu erwarten, dass der Gesetzgeber verbindliche Anforderungen an die informationstechnische Sicherheit von Kraftfahrzeugen aufstellt. Auf internationaler Ebene hat die Wirtschaftskommission der Vereinten Nationen für Europa bereits Vorgaben für die Cybersicherheit und Softwareupdates im Automobilsektor erarbeitet (UNECE 2020). Die UN-Vorgaben enthalten Regelungen für ein Cybersicherheits-Managementsystem für Fahrzeuge im Straßenverkehr, eine Risikoanalyse und die laufende Überwachung der Systeme. Vorgaben zu den Softwareupdates sollen sicherstellen, dass Schwachstellen oder Sicherheitslücken von den Herstellern geschlossen werden.

3.4.4 Einordnung: Vernetzte Fahrzeuge und ihre Daten

Es ist unbestritten, dass durch die Digitalisierung der Fahrzeugsysteme, durch vernetzte Dienstleistungen und vernetzte Infrastruktur insgesamt, die Erfassung, Verarbeitung und Speicherung persönlicher Daten erheblich zunimmt.

Die Auswirkungen auf die Überwachung und Beeinflussung der Menschen – sei es aus kommerziellen Beweggründen oder im Interesse staatlicher Institutionen – sind weitgehend offen. Es besteht die Gefahr, dass *Connected Car Services* wie auch die digitale Vernetzung der Verkehrssysteme generell zu einer neuen, erheblichen Überwachungsinstanz führen. Damit ist es erforderlich, die verantwortungsvolle Programmierung, die Datenspeicherung und -löschung mittels institutionell verankerter Kontrollmechanismen zu regulieren (Keuchek 2019: 112).

Die Automobilhersteller können ihre *Connected Car Services* nur gewinnbringend implementieren, wenn sie die Kontrolle über die Daten behalten. Dabei dient das Betriebssystem der Fahrzeuge als ein sogenannter Gatekeeper: Das Betriebssystem ist die Grundlage für ein geschlossenes Ökosystem. Es ist also für die Hersteller erforderlich, ein eigenes Betriebssystem zu implementieren und es geschlossen zu halten. Verwenden die OEMs hingegen Lösungen der großen IT-Konzerne, geben sie die Datenhoheit auf und produzieren im Extremfall allenfalls nur noch die

Hardware, auf der das Fremd-Betriebssystem aufsetzt – ähnlich wie es im Smartphone-Bereich oder für vernetzte Heimanwendungen bereits erfolgt ist. Damit verlieren die Automobilhersteller nach dem Fahrzeugkauf den Kunden für weitere Mehrwertdienstleistungen an die IT-Dienstleister und können keine Umsatzpotenziale über den Verkauf hinaus generieren (Holland 2019: 77).

Im Zugriff auf die Kunden und wegen der Bedeutung von Nutzungsdaten zur Monetarisierung vernetzter Dienstleistungen begründet sich die Gefahr einer Monopolisierung im Bereich der *Connected Car Services* und vernetzter Mobilitätsdienstleistungen. Um den eigenen Zugriff zu sichern, setzen die Hersteller ein sogenanntes *extended vehicle concept* ein (Kerber 2019b). Alle vom Fahrzeug generierten Daten werden auf eigene proprietäre Plattformen übertragen. Damit sichern sich die Hersteller ihr Datenmonopol. Datenmonopole wiederum begünstigen Missbrauch, wie hinreichend anschauliche Beispiele von IT-Anwendungen insbesondere im Umfeld sozialer Netze zeigen (Scholz et al. 2021: 6): Sobald ein umfangreicher Datenpool vorhanden ist, schrecken die Akteure nicht davor zurück, diesen in Grenzbereichen der Legalität oder sogar darüber hinaus für eigene Interessen auszuschöpfen. Der Fall um Cambridge Analytica und Facebook ist womöglich einer der bekanntesten Datenmissbrauchsfälle, bei dem im US-Wahlkampf die Daten von etwa 87 Mio. Facebook-Nutzenden missbraucht wurden (vgl. Wagner 2021).

Um sowohl Daten-Monopole zu vermeiden, und damit den exklusiven Zugriff auf die Daten, als auch um Missbrauch vorzubeugen, bedarf es institutioneller Kontrollmechanismen und Prozesse, die die Verwendung personenbezogener Daten regulieren (Kerber 2019a).

Literatur

Abhishek, Vibhanshu/Zhang, Zhe (2016): Business Models in the Sharing Economy: Manufacturing Durable Goods in the Presence of Peer-To-Peer Rental Markets. In: SSRN Electronic Journal. ▶ https://doi.org/10.2139/ssrn.2891908.

Bandmann, Anthony (2015): Vom Ratenkredit zum Mobilitätspaket – Innovationen in der Kundenfinanzierung. In: Handbuch Automobilbanken. Berlin, Heidelberg: Springer Berlin Heidelberg. S. 185–198. ▶ https://doi.org/10.1007/978-3-662-45196-0_15.

BDA – Banken der Automobilwirtschaft (Hrg.) (2019): Automobilbanken 2019 – Absatzförderung, Kundenloyalität, Sorgenfreie Mobilität, Potenziale. Köln.

BDU – Bundesverband deutscher Unternehmensberater (Hrg.) (2020): Vom Automobilhersteller zum multimodalen Mobilitätsanbieter – neue Rollen, neue Chancen. Bonn.

BMVI – Bundesministerium für Verkehr und digitale Infrastruktur (2017): Bericht zum Stand der Umsetzung der Strategie automatisiertes und vernetztes Fahren. Berlin.

Bosler, M./Burr, W. (2019): Connected Cars: Analyse von Start-up Kooperationen im Geschäftsmodell der vernetzten Automobile. In: Mobilität in Zeiten der Veränderung. Wiesbaden: Springer Fachmedien Wiesbaden. S. 51–65. ▶ https://doi.org/10.1007/978-3-658-26107-8_5.

Bosler, Micha/Burr, Wolfgang/Ihring, Leonie (2019): Geschäftsmodell „Connected Car" – digitale Innovationen in der Automobilindustrie. In: Meinhardt, Stefan/Pflaum, Alexander (Hrg.): Digitale Geschäftsmodelle. Band 2. Wiesbaden: Springer Fachmedien Wiesbaden. S. 73–96. (= Edition HMD) ▶ https://doi.org/10.1007/978-3-658-26316-4_5.

Bratzel, Stefan/Thömmes, Jürgen (2019): Alternative Antriebe, Autonomes Fahren, Mobilitätsdienstleistungen – Neue Infrastrukturen für die Verkehrswende im Automobilsektor. Band 22. Berlin: Heinrich-Böll-Stiftung. (= Wirtschaft und Soziales).

Breuing, Holger/Heil, Lucas/Vierling, Bernd (2019): IT-Sicherheit für das gesamte Automotive-Ökosystem. In: ATZelektronik 14(7–8), S. 62–65. ▶ https://doi.org/10.1007/s35658-019-0075-8.

3

Buhl, Eberhard (2015): Straßenverkehr: Smarter parken. Siemens AG. ▶ https://www.mobility.siemens.com/global/de/portfolio/strasse/parkloesungen/intelligent-parking-solutions.html (03.12.2021).

Burkert, Andreas (2017): Vom ungeheuren Datenhunger moderner Automobile. In: ATZ - Automobil-technische Zeitschrift 119(4), S. 8–13. ▶ https://doi.org/10.1007/s35148-017-0032-x.

Chen, Yurong/Perez, Yannick (2018): Business Model Design: Lessons Learned from Tesla Motors. In: da Costa, Pascal/Attias, Danielle (Hrg.): Towards a Sustainable Economy. Cham: Springer International Publishing. S. 53–69. (= Sustainability and Innovation) ▶ https://doi.org/10.1007/978-3-319-79060-2_4.

Clement, Reiner/Schreiber, Dirk/Bossauer, Paul/Pakusch, Christina (2019): Digitale Märkte im Überblick. In: Internet-Ökonomie. Berlin, Heidelberg: Springer Berlin Heidelberg. S. 7–21. ▶ https://doi.org/10.1007/978-3-662-59829-0_2.

DCS – Digital Charging Solutions (2023): BMW Charging. ▶ https://bmw-public-charging.com (11.5.2023).

Diehlmann, Jens/Häcker, Joachim (2010): Automobilmanagement: Die Automobilhersteller im Jahre 2020. München: Oldenbourg Wissenschaftsverlag. ▶ https://doi.org/10.1524/9783486704686.

Diez, Willi (2015): Automobil-Marketing: Navigationssystem für neue Absatzstrategien. München: Vahlen, Franz.

Forchert, Carl-Ernst/Viebranz, Thomas (2016): Das Elektrofahrzeug als updatefähige Plattform. Berlin: Technologiestiftung Berlin.

Genzlinger, Felix/Zejnilovic, Leid/Bustinza, Oscar F. (2020): Servitization in the Automotive Industry: How Car Manufacturers Become Mobility Service Providers. In: Strategic Change 29(2), S. 215–226. ▶ https://doi.org/10.1002/jsc.2322.

Gerpott, Torsten J. (2019): Connected Car. In: Kollmann, Tobias (Hrg.): Handbuch Digitale Wirtschaft. Wiesbaden: Springer Fachmedien Wiesbaden. S. 1–20. (= Springer Reference Wirtschaft) ▶ https://doi.org/10.1007/978-3-658-17345-6_73-1.

Haller, Axel (2002): Wertschöpfung. In: Küpper, Hans-Ulrich/Wagenhofer, Alfred (Hrg.): Handwörterbuch Unternehmensrechnung und Controlling. 4. Auflage. Stuttgart: Schäffer-Poeschel. S. Sp. 2131–2142. (= Enzyklopädie der betriebswirtschaftslehre).

Harrington, H. J. (1991): Business Process Improvement: The Breakthrough Strategy for Total Quality, Productivity, and Competitiveness. New York: McGraw-Hill.

Holland, Heinrich (2019): Dialogmarketing und Kundenbindung mit Connected Cars Wie Automobilherstellern mit Daten und Vernetzung die optimale Customer Experience gelingt. ▶ https://doi.org/10.1007/978-3-658-22929-0.

Holland, Heinrich/Zand-Niapour, Sam (2017): Einflussfaktoren Der Adoption von „Connected Cars" Durch Endnutzer in Deutschland. 5. Mainz. (= UASM Discussion Paper Series).

Hoßfeld, Max/Ackermann, Clemens/Dietz, Thomas (2020): Eine Redefinition des Plattformbegriffs: Neue Wertschöpfungsnetzwerke und Geschäftsmodelle der Mobilität der Zukunft. In: Proff, Heike (Hrg.): Neue Dimensionen der Mobilität. Wiesbaden: Springer Fachmedien Wiesbaden. S. 423–432. ▶ https://doi.org/10.1007/978-3-658-29746-6_35.

ISO/SAE International (Hrg.) (2021): Road Vehicles — Cybersecurity Engineering (ISO/SAE FDIS 21434).

Johanning, Volker/Mildner, Roman (2015): Car IT kompakt. Wiesbaden: Springer Fachmedien Wiesbaden. https://doi.org/▶ https://doi.org/10.1007/978-3-658-09968-8.

Jud, Christopher Georg/Bosler, Micha/Herzwurm, Georg (2019): Der Einfluss von Plattformen auf digitale Geschäftsmodelle von Komplementoren. In: Meinhardt, Stefan/Pflaum, Alexander (Hrg.): Digitale Geschäftsmodelle – Band 1. Wiesbaden: Springer Fachmedien Wiesbaden. S. 119–137. (= Edition HMD) ▶ https://doi.org/10.1007/978-3-658-26314-0_7.

Kerber, Wolfgang (2019a): Data Governance in Connected Cars – The Problem of Access to In-Vehicle Data. In: Journal of Intellectual Property, Information Technology and Electronic Commerce Law (3), S. 310–331.

Kerber, Wolfgang (2019b): Data Sharing in IoT Ecosystems and Comptetition Law: The Example of Connected Cars. In: Journal of Competition Law & Economics 15(4), S. 381–426. ▶ https://doi.org/10.1093/joclec/nhz018.

Keuchek, Stephan (2019): Digitalisierung im Verkehr. In: Schnell, Martin W./Dunger, Christine (Hrg.): Digitalisierung der Lebenswelt: Studien zur Krisis nach Husserl. Weilerswist: Velbrück Wissenschaft. S. 93–114.

Kirchner, Kathrin/Lemke, Claudia/Brenner, Walter (2018): Neue Formen der Wertschöpfung im digitalen Zeitalter. In: Barton, Thomas/Müller, Christian/Seel, Christian (Hrg.): Digitalisierung in Unternehmen. Wiesbaden: Springer Fachmedien Wiesbaden. S. 27–45. (= Angewandte Wirtschaftsinformatik) ▶ https://doi.org/10.1007/978-3-658-22773-9_3.

Kortus-Schultes, D. (2017): Das Auto als weiteres ‚device' in der Cloud. Big Data, Geschäftsmodelle und Kooperationen in neuen/neuartigen Ökosystemen. In: Innovative Produkte und Dienstleistungen in der Mobilität. Wiesbaden: Springer Fachmedien Wiesbaden. S. 101–117. ▶ https://doi.org/10.1007/978-3-658-18613-5_7.

Kummer, Sebastian/Grün, Oskar/Jammernegg, Werner (2018): Grundzüge der Beschaffung, Produktion und Logistik. 4. aktualisierte Auflage. Hallbergmoos: Pearson.

Li, Yongjian/Bai, Xuanming/Xue, Kelei (2020): Business Modes in the Sharing Economy: How Does the OEM Cooperate with Third-Party Sharing Platforms? In: International Journal of Production Economics 221, S. 107467. ▶ https://doi.org/10.1016/j.ijpe.2019.08.002.

Mihale-Wilson, A. Cristina/Zibuschka, Jan/Hinz, Oliver (2019): User Preferences and Willingness to Pay for In-Vehicle Assistance. In: Electronic Markets 29(1), S. 37–53. ▶ https://doi.org/10.1007/s12525-019-00330-5.

Moazed, Alex/Johnson, Nick (2016): Modern monopolies: What it takes to dominate the 21st-century economy. First edition. New York, N.Y: St. Martin's Press.

Öksüz, Ayten/Schulze, Anne/Rusch-Rodosthenous, Miriam/Scheibel, Lisa (2017): Connected Car nimmt Fahrt auf - Wohin steuert das Auto der Zukunft? Düsseldorf.

Perkins, Greg/Murmann, Johann Peter (2018): What Does the Success of Tesla Mean for the Future Dynamics in the Global Automobile Sector? In: Management and Organization Review 14(3), S. 471–480. ▶ https://doi.org/10.1017/mor.2018.31.

Proff, Heike (2019): Multinationale Automobilunternehmen in Zeiten des Umbruchs Herausforderungen - Geschäftsmodelle - Steuerung. Wiesbaden: Springer Gabler.

Raith, Nina (2019): Das vernetzte Automobil: Im Konflikt zwischen Datenschutz und Beweisführung. Wiesbaden: Springer Fachmedien Wiesbaden. (= DuD-Fachbeiträge) ▶ https://doi.org/10.1007/978-3-658-26013-2.

Rao, Rashmi (2017): Anwendererfahrungen im vernetzten Automobil. In: ATZ - Automobiltechnische Zeitschrift 119(6), S. 48–53. ▶ https://doi.org/10.1007/s35148-017-0075-z.

Riekhof, Hans-Christian/Scholz, Marc (2020): Customer Insights: Connected Car Services in Deutschland. Göttingen: Private Hochschule Göttingen. S. 40.

Roßnagel, Alexander (2014): Fahrzeugdaten – wer darf über sie entscheiden? Zuordnungen – Ansprüche – Haftung. In: Straßenverkehrsrecht, Zeitschrift für die Praxis des Verkehrsjuristen (8).

Schäfer, Tobias/Jud, Christopher/Mikusz, Martin (2015): Plattform-Ökosysteme im Bereich der intelligent vernetzten Mobilität: Eine Geschäftsmodellanalyse. In: HMD Praxis der Wirtschaftsinformatik 52(3), S. 386–400. ▶ https://doi.org/10.1365/s40702-015-0126-4.

Scholz, Roland W./Albrecht, Eike/Marx, Dirk/Mißler-Behr, Magdalena/Renn, Ortwin/Van Zyl-Bulitta, Verena (Hrg.) (2021): Supplementarische Informationen zum DiDaT Weißbuch: Orientierungen Verantwortungsvoller Umgang mit Daten — Orientierungen eines transdisziplinären Prozesses. Nomos Verlagsgesellschaft mbH & Co. KG. ▶ https://doi.org/10.5771/9783748912125.

Schreck, Giuliana (2020): Fahrzeugdaten: Möglichkeiten und Grenzen der Nutzung für die forensische Unfallrekonstruktion aus zivilrechtlicher Perspektive. Baden-Baden: Nomos. (= Nomos-Universitätsschriften Recht Band 976).

Spieth, Patrick/Laudien, Sven M./Meissner, Svenja (2020): Business Model Innovation in Strategic Alliances: A Multi-layer Perspective. In: R&D Management S. radm.12410. ▶ https://doi.org/10.1111/radm.12410.

Stenner, Frank (2015): Das Geschäft der Autobanken im Überblick. In: Handbuch Automobilbanken. Berlin, Heidelberg: Springer Berlin Heidelberg. S. 1–19. ▶ https://doi.org/10.1007/978-3-662-45196-0_1.

Sucky, Eric (2019): Von der Wertschöpfung zum Wertschöpfungsmanagement. In: Ulrich, Patrick/Baltzer, Björn (Hrg.): Wertschöpfung in der Betriebswirtschaftslehre. Wiesbaden: Springer Fachmedien Wiesbaden. S. 343–364. ▶ https://doi.org/10.1007/978-3-658-18573-2_15.

Tian, Lin/Jiang, Baojun/Xu, Yifan (2021): Manufacturer's Entry in the Product-Sharing Market. In: Manufacturing & Service Operations Management 23(3), S. 553–568. ▶ https://doi.org/10.1287/msom.2020.0919.

Ullmann, Markus/Strubbe, Thomas/Wieschebrink, Christian (2019): Vernetzter Straßenverkehr: Herausforderungen für die IT-Sicherheit. In: Roßnagel, Alexander/Hornung, Gerrit (Hrg.): Grundrechtsschutz im Smart Car. Wiesbaden: Springer Fachmedien Wiesbaden. S. 295–310. (= DuD-Fachbeiträge) ▶ https://doi.org/10.1007/978-3-658-26945-6_17.

UNECE - Vereinte Nationen für Europa (Hrg.) (2020): Proposal for a new UN Regulation on uniform provisions concerning the approval of vehicles with regards to cyber security and cyber security management system - ECE/TRANS/WP.29/2020/79 Revised.

VDA - Verband der Automobilindustrie (Hrg.) (2016): Position - Zugang zum Fahrzeug und zu im Fahrzeug generierten Daten.

VDA - Verband der Automobilindustrie (Hrg.) (2021): Kurzposition - Zugang zu fahrzeuggenerierten Daten.

Wagner, Paul (2021): Data Privacy – The Ethical, Sociological, and Philosophical Effects of Cambridge Analytica. In: SSRN Electronic Journal. ▶ https://doi.org/10.2139/ssrn.3782821.

Weiß, Niklas/Schreieck, Maximilian/Brandt, Laura Sophie/Wiesche, Manuel/Krcmar, Helmut (2019): Digitale Plattformen für Applikationen im Auto– Herausforderungen und Handlungsempfehlungen. In: Meinhardt, Stefan/Pflaum, Alexander (Hrg.): Digitale Geschäftsmodelle – Band 2. Wiesbaden: Springer Fachmedien Wiesbaden. S. 97–117. (= Edition HMD) ▶ https://doi.org/10.1007/978-3-658-26316-4_6.

Wirtz, Bernd W (2021): Business Model Management, Design - Instrumente - Erfolgsfaktoren von Geschäftsmodellen. Wiesbaden: Gabler Verlag.

Wirtz, Bernd W./Mermann, Marina (2015): Entwicklung von Geschäftsmodellen. In: Freiling, Jörg/Kollmann, Tobias (Hrg.): Entrepreneurial Marketing. Wiesbaden: Springer Fachmedien Wiesbaden. S. 217–241. ▶ https://doi.org/10.1007/978-3-658-05026-9_12.

Zieringer, Peter (2015): Hersteller, Handel, Autobank: Perspektiven einer erfolgreichen Partnerschaft. In: Handbuch Automobilbanken. Berlin, Heidelberg: Springer Berlin Heidelberg. S. 135–151. ▶ https://doi.org/10.1007/978-3-662-45196-0_11.

Plattform-Ökosysteme in einer Mobilitätswirtschaft

Inhaltsverzeichnis

© Der/die Autor(en), exklusiv lizenziert an Springer-Verlag GmbH, DE, ein Teil von Springer Nature 2023
M. Wilde, *Vernetzte Mobilität,* erfolgreich studieren,
https://doi.org/10.1007/978-3-662-67834-3_4

4

Die Digitalisierung insgesamt, speziell jedoch mobile Endgeräte und deren Anwendungen, brachten im Verkehrssektor eine neue Form von Dienstleistern hervor: Plattformbetreiber. Ähnlich wie in anderen Wirtschaftsbereichen – beispielsweise der Hotelbranche oder dem Interneteinzelhandel – verstehen sich Plattformbetreiber als Vermittler zwischen einem Kunden und einem Dienstleister. Plattformangebote in diesem Sinne können im Verkehrssektor in zwei Bereiche untergliedert werden: Das sind zunächst (a) Anbieter, die verschiedene Verkehrsangebote vereinen, um diese dem Kunden aus einer Hand zugänglich zu machen. Sie bringen Angebote des öffentlichen Verkehrs, von Taxi, Sharing-Dienstleistern oder der Fahrzeugvermietung über eine internetbasierte Plattform zusammen. Der Kunde kann für sein jeweiliges Bedürfnis das für ihn passende Angebot auswählen und somit die eigene Mobilität multi- und intermodal gestalten. Diese digitalen Plattformen für multimodale Verkehrsangebote nennen sich *Mobility-as-a-Service (MaaS)*. Bei der zweiten Form von Plattformbetreibern handelt es sich um (b) Fahrdienstvermittler. Sie vermitteln Fahrten zwischen Fahrgästen und zumeist privaten Chauffeurdienstleistern. Einige Fahrdienstvermittlungen haben sich inzwischen zu weltweit agierenden Digitalkonzernen entwickelt. Ihre Dienstleistungen bilden ein eigenes Ökosystem zur Vernetzung von Fahrgästen und Chauffeuren.

Im Zuge einer globalen Expansion der Fahrtdienstvermittlung, aber auch generell mit der voranschreitenden Durchdringung digitaler und vernetzter Anwendungen zur Organisation multimodaler Mobilität, hat sich ein eigener Wirtschaftszweig so weit herausgebildet, dass man bereits von einer Mobilitätswirtschaft sprechen kann. Die Plattformökonomie mit ihren digitalen Geschäftsmodellen schafft die Basis dieser Mobilitätswirtschaft.

4.1 Plattformökonomie

Die digitale Vernetzung hat eine neue Form des Wirtschaftens hervorgebracht: die Plattformökonomie. Ein wesentlicher, wenn nicht sogar der wichtigste Faktor in dieser Ökonomie, sind *Informationen* in Form von Daten, die als Teil der digitalen Wertschöpfung dienen. Während *Informationen* in der Realwirtschaft allenfalls eine unterstützende Funktion einnehmen, sind sie in der Plattformökonomie ein treibender Wettbewerbsfaktor und Kern der Wertschöpfung. *Informationen* haben damit einen ähnlichen Stellenwert wie *Arbeit* und *Kapital* (Kollmann 2020: 54).

Somit steht den in der klassischen Kapitalismustheorie beschriebenen drei Elementarfaktoren – *Boden, Arbeit* und *Kapital* – in den heutigen digitalen Märkten mit *Informationen* ein weiterer Faktor anbei. In diesem Kontext wird bereits vom Plattform-Kapitalismus gesprochen. Der Plattform-Kapitalismus vereint jene Orte, Prozesse und Zeitpunkte, die über digitale Technologien die Strukturen des Kapitalismus reproduzieren und vermitteln (Pace 2018: 262). Oder in anderen Worten: Unternehmen bedienen sich digitaler Technologien, um Profite zu generieren. Insofern müssen Digitalunternehmen – und deswegen ist es wichtig, die digitalen Dienstleistungen der Plattformökonomie im Kontext kapitalistischer Produktion zu begreifen – nach Gewinn streben, um sich am Markt zu behaupten und einen Wachstumspfad einzuschlagen. In der Konsequenz bestehen die Kennwerte dieses Wirtschaftszweiges vorwiegend aus Erträgen, Marktanteilen und Ressourceneffizienz (Srnicek 2018: 8 f.).

Anders als bei der klassischen Produktion von Gütern und Dienstleistungen basieren die Geschäftsmodelle der Digitalunternehmen in der Plattformökonomie auf einer neuen Form der Wertschöpfung: der Sammlung und Auswertung großer Datenmengen. Über die Verarbeitung massenhafter Daten erschließen Digitalunternehmen neue Märkte (Culpepper und Thelen 2020: 289).

> Definition: Plattformen sind digitale Ökosysteme, die Kunden, Produkte und Dienstleistungen innerhalb eines geschlossenen Systems aus digitalen Abläufen und Transaktionen zusammenbringen. Die Plattformen generieren ihre Wertschöpfung aus den Interaktionen und Transaktionen ihrer Kunden. Ihre Geschäftsaktivität geht über die Bereitstellung von Kommunikationsmöglichkeiten hinaus. Das Modell basiert darauf, dass die Digitalunternehmen in einem möglichst geschlossenen System die Art und Weise bestimmen, wie Daten, Produkte und Dienstleistungen zwischen Empfänger und Ersteller ausgetauscht werden.

Drei Arten von Plattformen können unterschieden werden:
1. Plattformen zur *Vermittlung von Dienstleistungen* (wie Lyft oder AirBnB) – sie verbinden Kunden mit Dienstleistern,
2. Plattformen zur *Vermittlung von Produkten* (wie Amazon, Alibaba oder Ebay) – sie bringen Verkäufer von Produkten zusammen mit potenziellen Käufern und
3. Plattformen zur *Vermittlung von Informationen* (wie Google oder Facebook) – sie ermöglichen das Auffinden von Informationen, vernetzen Zielgruppen mit Werbetreibenden sowie Menschen miteinander über soziale Medien.

4.1.1 Wertschöpfung in der Plattformökonomie

In der Plattformökonomie generieren die Digitalunternehmen einen Wert über Transaktionen zwischen Plattform, Kunden und Dienstleistern. Diese als Transaktionspartner bezeichneten Akteure treten in einem von der Plattform ermöglichten Austausch. Kollmann (2020: 55) unterscheidet sechs verschiedene Aspekte der Wertschöpfung:
1. *Strukturierungswert:* Eine Plattform sortiert und strukturiert Informationen, die sie den Kunden in einer aufbereiteten Form zugänglich macht.
2. *Selektionswert:* Über Datenbank-Abfragen ermöglicht die Plattform der Nachfrageseite eine gezielte und effiziente Identifikation von Produkten, Dienstleistungen oder Informationen.
3. *Matchingwert:* Die Plattform ermöglicht Anbietern und Nachfragern zusammenzukommen, und zwar auf eine effiziente und effektive Weise.
4. *Transaktionswert:* In diesem Fall ermöglicht eine Plattform die Effizienz und effektive Gestaltung eines Geschäftsprozesses.
5. *Abstimmungswert:* Ein Abstimmungswert wird erreicht, indem verschiedene Anbieter ihre Leistung effizienter und effektiver aufeinander ausrichten können.
6. *Kommunikationswert:* Hier besteht der Mehrwert in einer effizienten und effektiven Kommunikation zwischen den Akteuren.

4.1.2 Plattform-Geschäftsmodell

Der Kern der Wertschöpfung besteht aus der Beziehung und den Transaktionen zwischen den einzelnen Akteuren, die die Plattform zusammenführt. Dementsprechend basiert das Geschäftsmodell zuvorderst aus einer Vermittlung. Die Plattform wickelt sämtliche Transaktionen ab – also neben der Bestellung, ebenso die Bezahlung und die Bewertung (◘ Abb. 4.1).

Die Beziehung zwischen Digitalunternehmen als Plattformbetreiber, den Dienstleister und Kunden gehen über die Vermittlung hinaus. Das Ökosystem einer Plattform zeichnet sich dadurch aus, dass die Plattform ein umfangreiches in sich geschlossenes System darstellt, es die Transaktionspartner von zahlreichen Managementaufgaben entlastet und somit einen echten oder vermeintlichen Vorteil generiert. Ziel ist ein *Lock-in* von Kunden und Dienstleistern in das System und damit eine dauerhafte Bindung. Denn die Digitalunternehmen setzen auf den sogenannten Netzwerkeffekt – die Plattform ist umso attraktiver, je mehr Nutzende auf ihr aktiv sind (vgl. Jullien und Sand-Zantman 2021). Erreicht die Plattform eine kritische Masse von Nutzendenzahlen, kann sie eine marktbeherrschende Stellung einnehmen.

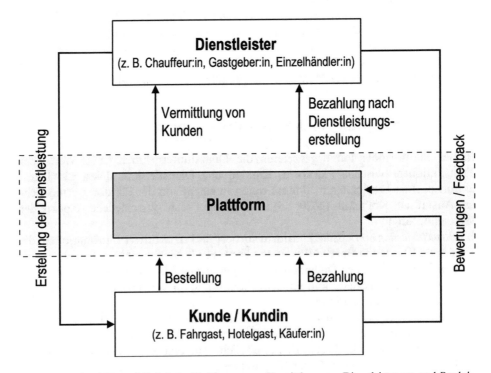

◘ Abb. 4.1 Geschäftsmodell digitaler Plattformen zur Vermittlung von Dienstleistungen und Produkten (verändert nach Kumar et al. 2018: 148)

4.1.3 Leistungsversprechen von Plattformen

Die Plattform nimmt also die Rolle eines Maklers ein und vermittelt zwischen Kunden und Dienstleistern. Für beide, Kunden und Dienstleister, besteht der Vorteil darin, dass ihre Kosten für die Beschaffung von Informationen und dem Aushandeln von Preisen sowie den damit verbundenen Risiken von der Plattform übernommen werden. Die Rolle der Plattform als Makler umfasst unter anderem die Identifikation und Auswahl von Dienstleistern und Kunden, die Entwicklung und Bereitstellung einer technischen Schnittstelle sowie die Zentralisierung und Standardisierung der Dienstleistungsabläufe (Andreassen et al. 2018: 885). In der Regel monetarisiert die Plattform ihre Leistung direkt über Gebühren, erzielt aber auch indirekte Erlöse in der Verwertung der von ihr gesammelten Daten.

Anstelle eines einzelnen Leistungsversprechens (engl. Value Proposition), wie im klassischen Geschäftsmodell üblich, verlangt die Wechselseitigkeit der Akteurskonstellation – also Plattform, Dienstleister und Kunde – vom Digitalunternehmern zwei Leistungsversprechen: Einerseits ein Wertversprechen gegenüber dem Ersteller der zu vermittelnden Dienstleistung und andererseits ein Wertversprechen gegenüber dem Nachfrager der Dienstleistung. Diese Mehrseitigkeit gelingt der Plattform, indem sie den Transaktionsakteuren spezifische Risiken und Managementaufgaben abnimmt und strategische Entscheidungen zur Unternehmensführung trifft (◻ Abb. 4.2).

4.1.4 Bewertungen: Immaterieller Wert und Kontrollinstrument

Eine besondere Rolle fällt der Bewertung der Akteure zu. Sowohl die Kunden erhalten gewöhnlich die Möglichkeit, das Leistungsniveau der ausführenden Stelle zu

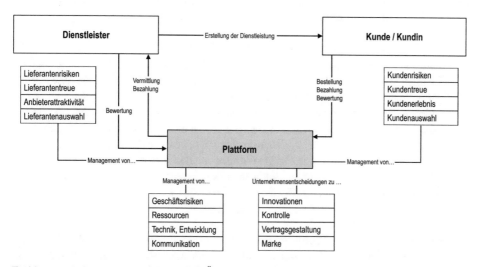

◻ **Abb. 4.2** Aufgaben und Beziehungen im Ökosystem digitaler Plattformen

bewerten, als auch der Dienstleister, der wiederum das Kundenverhalten bewerten kann. Über diese Bewertungen kreiert die Plattform einen immateriellen Wert, der entscheidend die Nachfrage und die Qualität der Leistung beeinflusst. Die individualisierten, kumulierten Bewertungen stehen als Indikator und Maßstab für das Vertrauen, das die Akteure den Transaktionspartnern entgegenbringen können. Mit diesen Bewertungen haben die Plattformen ein Instrument, das auf ein fundamentales soziales Bedürfnis zielt: Mittels der Bewertungen können die Digitalunternehmen die Transaktionspartner kontrollieren, sie können sie ausschließen oder belohnen. Die Kunden und Dienstleister sind durch die Bewertungen von Risiken entlastet (insbesondere dem Ausfallrisiko), begeben sich allerdings in Abhängigkeiten. Auch wenn Bewertungen den einzelnen Kunden oder Dienstleistern zugeordnet sind, sind sie immer an die Plattform gebunden und können nicht unabhängig verwendet werden. Haben die Akteure erst einmal eine signifikante Anzahl zuträglicher Bewertungen angesammelt, stellen diese einen eigenen Wert dar, der nicht auf andere Plattformen übertragbar ist. Damit begünstigen Bewertungen den *Lock-in* Effekt und ein Wechsel zu Konkurrenzangeboten ist erschwert.

4.2 MaaS: Mobility-as-a-Service

Mobility-as-a-Service (MaaS) Angebote verstehen sich als Plattformen, die verschiedene Verkehrsdienstleister zusammenbringen und eine Auswahl schaffen, über die der Fahrgast seinem Wunsch entsprechend ein für ihn und den Wegezweck geeignetes Verkehrsmittel wählen kann. Entsprechend der Plattform-Ökonomie betreiben die MaaS Anbieter in der Regel keine eigenen Verkehrsdienstleistungen, sondern verstehen sich als Vermittler. Der Grad der Integration der angebotenen Leistungen in das System bestimmt, inwieweit der Fahrgast auf einzelne Verkehrsdienstleistungen zugreifen kann. Die Integration erstreckt sich von einer reinen Auskunft über die Buchung bis hin zur Bezahlung.

> Definition: *Mobility-as-a-Service (MaaS)* ermöglicht intermodale und multimodale Mobilität, indem eine auf digitalen Anwendungen basierende Plattform den Zugang, die Buchung und die Abrechnung der in einer Region verfügbaren privaten und öffentlichen Verkehrsdienstleistungen zusammenführt. MaaS berücksichtigt die Bedürfnisse individueller Fortbewegung, indem es für den jeweiligen Zweck geeignete Dienste vorschlägt. Eine MaaS-Plattform minimiert den Aufwand für die Organisation der eigenen Mobilität und fördert die Idee der Fortbewegung als jederzeit buchbare Dienstleistung. MaaS ist damit ein Baustein, um die Abhängigkeit vom Pkw im Privatbesitz zu reduzieren (vgl. Hensher et al. 2020: 46 f.).

Mit der Vermittlung von Mobilitätsoptionen an den Fahrgast ist die Hoffnung verbunden, die Bedingungen für multi- und intermodalen Verkehr zu verbessern und Mobilität jenseits des eigenen Pkw zu fördern. Die Möglichkeiten von digitalen Anwendungen, mobilen Applikationen und der massenhaften Datenauswertung in Echtzeit sollen in den Dienst der Nutzung von Verkehrsmitteln gestellt werden – ganz im Prinzip von *Nutzen statt Besitzen*. Auch wenn die MaaS Anbieter sich mittlerweile zu kommerziellen Unternehmen weiterentwickelt haben, ist das gesellschaftspolitische Ziel einer nachhaltigen Mobilität mittels eines einfacheren Zuganges zu multi- und intermodalen Angeboten weiterhin ein treibendes Motiv (Macedo et al. 2022: 608).

Die Annäherung an eine nachhaltige Mobilität durch MaaS basiert auf der Erwartung, dass Menschen eher bereit sind, auf ein eigenes Auto zu verzichten, wenn es ihnen deutlich erleichtert wird, ihre Mobilität inter- und multimodal über eine zentrale Schnittstelle zu organisieren. Denn eine integrierte, einfache und zentrale Möglichkeit zur Information, Buchung sowie Bezahlung von an sich unabhängigen Verkehrsdienstleistern reduziert die kognitive Belastung der Verkehrsmittelnutzung (Lyons et al. 2019).

4.2.1 Prinzip und Grad der Integration

Die Idee zu MaaS entstand in Schweden im Rahmen eines öffentlich geförderten Projekts und wurde 2014 erstmals in Göteborg umgesetzt (vgl. Liimatainen und Mladenović 2018: 1). Die Einführung einer einheitlichen Plattform hat es dem Fahrgast deutlich erleichtert, private oder öffentliche Verkehrsdienstleistungen auszuwählen. Durch einen einzigen Zugang werden Informationen, Buchung und Bezahlung verschiedener Dienstleistungen gebündelt, wodurch eine nahtlose und bequeme Nutzungserfahrung ermöglicht wird. In Göteborg wurden jene drei Grundeigenschaften entwickelt, die heute für alle MaaS Angebote gelten (◘ Abb. 4.3):

- Sie bündeln Informationen und den Zugang zu einer Bandbreite an privaten und öffentlichen Verkehrsdienstleistungen einer Region,
- sie berücksichtigen die individuellen Bedürfnisse und Ansprüche an die Fortbewegung, und zwar entsprechend der jeweiligen Situation und den spezifischen Anforderungen an einer Fahrt und
- sie wickeln die Kommunikation und Interaktion zwischen Kunden, Plattform und Verkehrsdienstleister über eine digitale Schnittstelle ab (mobile Anwendung, Web).

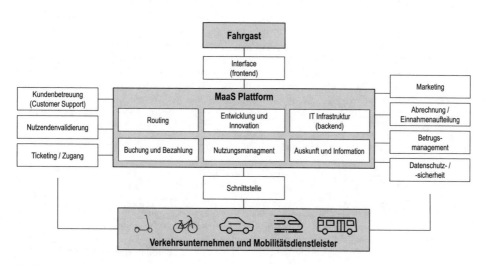

◘ **Abb. 4.3** Prinzip einer MaaS-Plattform

Der Grad an Verknüpfung dieser Eigenschaften bestimmt die Tiefe der Integration der MaaS-Plattformen in das Gesamtverkehrssystem. Sochor et al. (2018: 10) stellen eine Typologie von MaaS-Plattformen in fünf Stufen auf. Die Stufen bestimmen die Integrationstiefe einer MaaS-Plattform und grenzen die Systeme voneinander ab (◖ Tab. 4.1). Dabei orientieren sich die Stufen am Grad der Verknüpfung der Kerneigenschaften, am Geschäftsmodell sowie ferner an den politischen und gesellschaftlichen Zielen.

Stufe 0 kennzeichnet unabhängig voneinander agierende Verkehrsunternehmen, es findet keine Kooperation statt. Die Systeme der Stufen 1 und 2 beinhalten erste

◖ Tab. 4.1 Typen von Maas-Plattformen, Stufen der Integrationstiefe (Sochor et al. 2018: 10)

Stufe	Kennzeichen und Integrationstiefe der MaaS-Plattform
0	*Keine Integration (Einzelangebote):* Stufe 0 symbolisiert die unabhängig voneinander agierenden Verkehrsdienstleister und deren Angebote, die getrennt in einer Region betrieben werden
1	*Verknüpfung von Informationen:* Stufe 1 unterstützt auf Grundlage der Verknüpfung von Informationen die Entscheidungsfindung für die Verkehrsmittelwahl. Der Grad der Informationsverknüpfung kann unterteilt werden in (a) zentrale Bereitstellung der Informationen, (c) intermodale Reiseplanung und (c) assistierte Planung und Begleitung (etwa Ankündigung von Umstiegen, Verspätungen, Anzeigen von Alternativen, Navigation). In dieser Stufe besteht kein originäres Geschäftsverhältnis zwischen Fahrgast und Plattform, insofern ist der Fahrgast, der auf die Plattform zugreift, vielmehr Nutzer:in als Kunde
2	*Verknüpfung von Informationen, Buchung und Bezahlung:* Neben der Verknüpfung von Information kommt in Stufe 2 sowohl die Buchung einer Dienstleistung als auch die Bezahlung hinzu. Aufbauend auf die Informationsbereitstellung und -verknüpfung übernimmt die Plattform die Abwicklung der Bestell- und Bezahlvorgänge. Es ergibt sich der Vorteil der Abwicklung über eine einzige Plattform, was einen vereinfachten Zugang zu den Verkehrsangeboten ermöglicht. Der Beförderungsvertrag besteht allerdings zwischen Erbringer der Dienstleistung und dem Fahrgast, die Plattform fungiert in Stufe 2 allein als Vermittlerin
3	*Verknüpfung von Verkehrsdienstleistungen:* Stufe 3 bindet die Verkehrsanbieter mittels Verträge und der Zuweisung von Verantwortungen in die Plattform ein. Für den Fahrgast ergibt sich über die Plattform ein Angebot, dass auf die jeweilige Situation zugeschnitten ist. In Stufe 3 steht damit weniger die Einzelfahrt, sondern vielmehr ein Paket an verschiedenen Lösungen im Mittelpunkt. Damit kann das MaaS als echte Alternative zum Pkw im Privatbesitz auftreten. Die Plattform bindet Kunden an die Verkehrsdienstleistungen mittels individueller Lösungen. Darüber erreichen die Verkehrsunternehmen potenziell eine erweiterte Zielgruppe
4	*Integration von gesellschaftspolitischen Zielen:* Von Stufe 1 bis 3 besteht allein ein Verhältnis zwischen Fahrgast, MaaS-Plattform und Verkehrsdienstleister. Stufe 4 berücksichtigt politische, verkehrsplanerische und gesellschaftliche Ziele. Diese Ziele werden durch die öffentliche Hand als weiterer Akteur eingebracht, die auch deren Umsetzung anstrebt – als Beispiel können genannt werden die Reduzierung der Autoabhängigkeit, Klima- und Umweltschutz oder Städte mit einer hohen Lebensqualität. Auf Ebene von Kommunen, Regionen oder auch Ländern sieht die öffentliche Hand dabei MaaS als ein Instrument, mit dem die Ziele angegangen werden können. Deswegen unterstützt der öffentliche Akteur die Einführung der Systeme, fördert die Integration und schafft insgesamt förderliche Rahmenbedingungen

Verknüpfungen zwischen den einzelnen Verkehrsdiensten, indem sie über Unternehmen hinweg Informationen bereitstellen und auch die Buchung erleichtern. Hinsichtlich des Integrationsgrades kann nur bei Stufe 3 und Stufe 4 von einem umfassenden MaaS gesprochen werden. Diese beiden Stufen vereinen die relevanten Akteure, deren Dienstleistungen wie auch ein einheitliches Buchungs- und Abrechnungssystem. Ab diesen Integrationsstufen kann dem Kunden Mobilität als Dienstleistung aus einer Hand angeboten werden. Stufe 3 unterscheidet sich von Stufe 4 überwiegend im Motiv und den Zielen, mit denen die Akteure ein MaaS System angehen.

In Stufe 3, der hier vorgestellten Systematik, sind Ziele auf gesellschaftlicher Ebene noch von untergeordneter Relevanz. Die Akteure kommen überwiegend aufgrund wirtschaftlicher Überlegungen zusammen. Einzelne Verkehrsunternehmen erhoffen sich einen Zugang zu bislang unerschlossenen Zielgruppen, möchten Aufgaben des Managements und der Organisation auslagern oder streben an, ihre Marktposition zu stärken. In diesem Fall bringt ein MaaS System die Verkehrsunternehmen und deren verschiedenen Dienstleistungen zusammen und veranschaulicht gegenüber den Kunden, welche Möglichkeiten der Fortbewegung bestehen. Für die Verkehrsunternehmen – ob nun klassischer öffentlicher Verkehr, Taxi, Mietwagenservice oder Sharing-Anbieter – eröffnet sich ein Zugriff auf Kunden, die bislang eher eine einzelne Dienstleistung favorisiert haben oder die den Aufwand für die Organisation einer multimodalen Wegekette scheuten. Der Kundennutzen ergibt sich aus der Reduzierung der Organisation von Wegeketten.

Die Mehrzahl der Verkehrsunternehmen, vornehmlich der öffentliche Nahverkehr, steht vor der Aufgabe, die eigenen Systeme zu modernisieren und an die Anforderungen digitaler Prozesse anzupassen. In Stufe 3 übernimmt die MaaS-Plattform einen weiten Bereich der Kommunikation mit den Fahrgästen, dem Kundenmanagement sowie die Abwicklung von Buchung und Bezahlung. Indem die Verkehrsunternehmen das Aufgabenfeld an die Plattform auslagern, können sie den eigenen Reformprozess überspringen und überdies ihre Prozesse verschlanken. Dadurch sparen sie Vertriebs- und Marketingkosten, die heute einen erheblichen Anteil an den Gesamtausgaben ausmachen. Einige Unternehmen befürchten jedoch, dass sie durch die Integration ihrer Dienste in ein MaaS-System den direkten Zugang zu ihren Kunden verlieren und zu Subunternehmern degradiert werden, die nur noch den Transport übernehmen. Dies ist einer der Gründe, warum insbesondere Anbieter mit einer aktuell starken Marktposition einer Kooperation in einem MaaS zurückhaltend gegenüberstehen.

Von Stufe 1 bis einschließlich Stufe 3 besteht allein ein Verhältnis zwischen Fahrgast, MaaS-Plattform und Verkehrsdienstleister. Stufe 4 berücksichtigt hingegen zusätzlich politische, verkehrsplanerische und gesellschaftliche Ziele. Diese Ziele werden durch die öffentliche Hand als ein weiterer Akteur eingebracht. Als Beispiele gesellschaftspolitischer Ziele können die Reduzierung der Autoabhängigkeit genannt werden, der Klima- und Umweltschutz oder die Erhöhung von Lebensqualität in den Städten. Auf Ebene von Kommunen, Regionen oder auch Ländern sieht die öffentliche Hand dabei MaaS als ein Instrument, mit dem die Ziele angegangen werden können. Deswegen unterstützt der öffentliche Akteur die Einführung der Systeme, fördert die Integration und schafft insgesamt positive Rahmenbedingungen.

4

In Stufe 4 wirken die Aufgabenträger des öffentlichen Verkehrs auf die Bildung eines Verbundes hin und verpflichten die Unternehmen durch Verträge zur Teilnahme. Darüber können sie bislang zögerliche Akteure in ein MaaS System integrieren. In Deutschland ist die Organisation des öffentlichen Nahverkehrs ein komplexes System. So sind die Länder die Aufgabenträger für den Schienenpersonennahverkehr, die Kommunen hingegen für den öffentlichen Nahverkehr auf der Straße. Die Kommunen vergeben die Konzessionen für das Taxigewerbe und können Vorschriften für Sharing-Angebote erlassen. Voraussetzung für ein MaaS der Stufe 4 ist eine neue Konstellation zwischen den Verkehrsunternehmen des öffentlichen Nahverkehrs, der MaaS-Plattform, weiteren Verkehrsdienstleistern sowie dem Aufgabenträger.

Insbesondere die kommerziellen Anbieter agieren weitgehend unabhängig von den Aufgabenträgern und sind eher durch Gewinninteressen motiviert als durch ihren Beitrag zur Gestaltung einer nachhaltigen Mobilität. Um gesellschaftspolitische Ziele als Geschäftsinteresse auch bei kommerziellen Anbietern zu etablieren, kann die MaaS-Plattform als Vermittlerin agieren. Die Aufgabenträger (idealerweise in einer Verbundstruktur) schließen die Verträge nicht mehr direkt mit den Verkehrsunternehmen, sondern gehen eine Beziehung mit der Plattform ein, über die auch die Ziele und Bedingungen definiert sind (◘ Abb. 4.4). Die Plattform organisiert wiederum in Verbund mit den Verkehrsanbietern die Mobilitätsdienstleistungen, und zwar sowohl gemeinsam mit den Unternehmen des öffentlichen Nahverkehrs als auch mit den kommerziellen Anbietern (wie Taxis,

Klassische Akteurskonstellation im öffentlichen Personennahverkehr

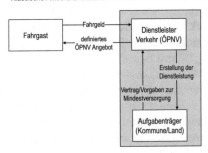

Akteurskonstellation mit einer MaaS Plattform als Vermittlerin

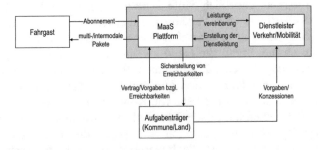

◘ **Abb. 4.4** Konstellation der Beziehungen zwischen den Akteuren im Nahverkehr mit und ohne MaaS-Plattform (angelehnt an Wong et al. 2020: 15)

Sharing-Unternehmen oder Mietwagenverleih) und können darüber dem Fahrgast individuelle, multimodale Angebote in einer Region bereitstellen.

4.2.2 Preismodelle und Ticketing

Die Idee von MaaS, jedem Kunden ein maßgeschneidertes multi- und intermodales Verkehrsangebot bereitzustellen, erfordert eine differenzierte Preisgestaltung. Die Preismodelle orientieren sich einerseits an der Integration der verschiedenen Dienstleister und deren Kosten. Andererseits erlaubt die elektronische Datenverarbeitung eine an der Nutzung orientierte Abrechnung. Es hat sich ein komplexes System an Preismodellen herausgebildet. Vereinfacht gesagt gilt: Je geringer die Integration der Dienstleistungen, umso klassischer die Preisgestaltung. Mit steigender Integration differenziert sich das MaaS Preismodell und lehnt sich deutlich an Modellen der IT-Branche an, welche Kundengruppen, Nutzungsverhalten und Präferenzen in den Blick nehmen (◨ Abb. 4.5). Die Differenzierung ermöglicht eine individuelle, an den Bedürfnissen der Kunden orientierte Preisbildung, zugleich erhöht es jedoch die Komplexität. Um den Zwiespalt zwischen individueller Kundenansprache und Komplexitätsreduzierung abzumildern, verwenden die meisten MaaS-Plattformen sogenannte *Bundel* oder *Subscription Plans*.

MaaS Produktbündelung

Bei einer Produktbündelung handelt es sich um die Vermarktung von Produkten oder Dienstleistungen in einem gemeinsamen Angebot, welches die Produkte zusammen bringt und zu Vorteilspreisen anbietet (vgl. etwa Stremersch und Tellis 2002). Die Produktbündelung wird eingesetzt, um neue oder weniger nachgefragte

Plan A (Gelegenheitsnutzende)	Plan B (Normalnutzende)
60 € pro Monat	*120 € pro Monat*
– ÖPNV Monatsticket eine Zone – E-Scooter 20% Rabatt je Fahrt – Bike-Sharing 20% Rabatt je Fahrt – Car-Charing 10% Rabatt je Fahrt	– ÖPNV Monatsticket eine Zone – Car-Charing 60 Freiminuten – Bike-Sharing 60 Freiminuten – Mietwagen 30% Rabatt je Anmietung – E-Scooter 30% Rabatt je Fahrt

Plan C (Premium)	Plan D (Einstieg)
400 € pro Monat	*Pay as you go*
– ÖPNV Monatsticket alle Zonen – Car-Charing 120 Freiminuten – Bike-Sharing 240 Freiminuten – E-Scooter 240 Freiminuten – Mietwagen 2 Tage inklusive + 30% Rabatt je zusätzliche Anmietung – Taxi 10 Fahrten bis zu 10 km	– ÖPNV entsprechend Nutzung – E-Scooter 20% Rabatt je Fahrt – Bike-Sharing 20% Rabatt je Fahrt – Car-Charing 10% Rabatt je Fahrt

◨ **Abb. 4.5**   Beispiel für ein Preismodel einer MaaS-Plattform

Angebote zu verbreiten und Kunden über den durch die Bündelung geschaffenen Mehrwert an die Produkte zu binden. In anderen Branchen ist die Produktbündelung eine übliche Marketingpraxis – im Verkehrsbereich bestanden hingegen bislang nur Insellösungen einzelner Anbieter.

Die Innovation des MaaS besteht nun darin, die Dienstleistungen der Verkehrs- und Mobilitätsbranche über die Grenzen einzelner Anbieter hinaus in einem Produkt zu bündeln. Sie wird dem Kunden als Einheit angeboten und vermarktet über sie weniger nachgefragte Dienstleistungen im Sinne einer nachhaltigen Mobilität unter Verzicht auf den eigenen Pkw – wie Bike- oder Car-Sharing (Matyas und Kamargianni 2019: 1954). Die Herausforderung besteht darin, die Dienstleistungen so zuzuschneiden und zu bepreisen, dass zielgruppengerecht attraktive Angebote bereitgestellt werden können. Die Angebote unterscheiden sich deswegen in der Form der Verrechnung, als *Abonnement* oder *Pay as you go* (es wird allein verrechnet, was in Anspruch genommen wurde) und sind zudem auf die Zielgruppen zugeschnitten (wie Pendler:innen, Familien, Gelegenheitsnutzende) (Ho et al. 2018: 304).

Die Ausgestaltung und Bepreisung eines MaaS Produktbündels ist zuerst einmal abhängig von den involvierten Verkehrsunternehmen und Mobilitätsdienstleistern. Als Vermittlerin von Dienstleistungen bietet eine MaaS-Plattform keine eigene originäre Verkehrsdienstleistung an, sondern bündelt das Angebot der Kooperationspartner. Dabei bestimmen die Systempartner den jeweiligen Mix aus öffentlichem Verkehr, Sharing-Angeboten und Mietwagendienstleistungen. Weitere bestimmende Komponenten des Produktbündels bestehen aus den Zielgruppen, die regionale Abdeckung (oder besser das Gebiet, innerhalb dessen das MaaS Angebot genutzt werden kann), die Abrechnungsgrundlage (Anzahl an Fahrten, zurückgelegte Strecke usw.) sowie der Zeitraum eines möglichen Abonnements (wöchentlich, monatlich, jährlich). Ho et al. (2021: 348 f.) zeigen vier mögliche Preismodelle für ein MaaS Angebot auf:

— *Rabatt:* Die Fahrgäste erhalten einen Rabatt auf die jeweilig genutzten Dienstleistungen im Vergleich zum regulären Preis außerhalb des MaaS. Etwa 15 % auf Fahrten im Taxi, Preisnachlass für Monatskarten oder der Verzicht eines monatlichen Grundpreises bei Car-Sharing Dienstleistern.

— *Höchstgrenzen je Dienstleistung:* Der Kunde zahlt über ein Abonnementmodell ein monatlichen Gesamttarif und erhält zugeschnittene Nutzungsmöglichkeiten mit einer Deckelung. Zum Beispiel 150 km im Carsharing, fünf Taxifahrten von bis zu 5 km und eine Tagesausleihe über eine Autovermietung. Übersteigt die Nutzung die festgelegten Höchstgrenzen, kann ein höherer Tarif greifen oder die Zusatznutzung wird individuell abgerechnet.

— *Nutzungsgebühr:* Das Preismodell einer Nutzungsgebühr vereinigt Rabatt und Höchstgrenze. Über eine für einen bestimmten Zeitraum im Voraus zu entrichtende Nutzungsgebühr kann der Fahrgast sowohl Rabatte für Dienstleistungen in Anspruch nehmen oder/und bis zu einem bestimmten Limit einzelne Angebote nutzen.

— *Prepaid-Tarife:* Der Kunde zahlt vorab einen Grundpreis für einen festgelegten Zeitraum (pro Woche oder Monat) und kann in diesem Zeitraum sein Guthaben über die Nutzung der verschiedenen Angebote verbrauchen.

Zusammen mit den Komponenten der Produktbündelung stellt die MaaS-Plattform spezifische Angebots- und Preismodelle zusammen. ◻ Abb. 4.5 veranschaulicht, wie ein möglicher Plan für verschiedene Zielgruppen aufgebaut sein kann. Im

Praxisbeispiel weiter unten ist die Angebots- und Preisgestaltung der MaaS-Plattform Whim für die Region Helsinki in Finnland aufgeführt.

Ticketing und Verrechnung

Der Begriff *Ticketing* beschreibt den Prozess des Erwerbs und der Abrechnung von Fahrkarten (oder Nutzungsentgelten). Aufgrund der Vielzahl an Akteuren aus unterschiedlichen Bereichen der Verkehrsbranche stellt das *Ticketing* für ein MaaS System eine besondere Herausforderung dar. Die Besonderheit besteht darin, dass das *Ticketing* eine der wenigen Schnittstellen zwischen Fahrgast und dem Anbieter der Verkehrsdienstleistung darstellt. Mittels des *Ticketings* erhält das Unternehmen einen direkten Zugang zum Kunden, es kann Preise und Kommunikationswege definieren. Im Verbund mit einem MaaS Angebot muss das Unternehmen diese Hoheit der MaaS-Plattform übertragen. Darin sehen einige eher konservativ eingestellte Unternehmen einen Nachteil. Der Grad der Integration der Dienste bestimmt somit wiederum den Umfang, in dem die Nutzerinnen und Nutzer ihre Leistung über eine MaaS-Plattform buchen und bezahlen können.

Bei der Buchung einer Verkehrsdienstleistung besteht der Unterschied darin, ob die MaaS-Plattform lediglich Informationen bereitstellt und die Nutzenden an das Dienstleistungsunternehmen weiterleitet oder aber, ob die Plattform den Buchungsvorgang übernimmt. Bei der Weiterleitung des Nutzenden wickelt das Verkehrsunternehmen die Buchung in Eigenregie ab, die Schnittstelle zum MaaS besteht lediglich durch eine Verlinkung. Bei einem hohen Grad der Integration in Stufe 3 oder 4 der oben vorgestellten Systematik übernimmt die MaaS-Plattform die gesamte Abwicklung des Buchungsprozesses. Dieses Modell erfordert ein technisches Hintergrundsystem, welches die Vorgänge zwischen MaaS, Kunden und Verkehrsunternehmen koordiniert. Auf organisatorischer Ebene bedarf es zwischen den Akteuren ein Regelwerk, welches die Abrechnung, den Nachweis und die Vergütung definiert. Eine solche weitreichende Integration des Buchungsvorganges im MaaS System ist Voraussetzung dafür, dass die Kunden das Angebot als eine einheitliche, attraktive und nutzungsfreundliche Mobilitätsdienstleistung wahrnehmen.

Bei der Verrechnung zwischen den Verkehrsdienstleistern verhält es sich ähnlich. Auch hier bestimmt der Grad der Integration, inwieweit die Abwicklung durch die MaaS-Plattform erfolgt. Die Verfahren zur Abrechnung und Verteilung der Gelder an die Partner reichen von der Einzelabrechnung durch das jeweilige Unternehmen, über eine Sammelrechnung der MaaS im Auftrag der Unternehmen, bis zu einer integrierten Abrechnung durch die Plattform mit einer Aufteilung der Einnahmen mittels eines Verteilungsschlüssels.

▶ Praxisbeispiel

MaaS Global Das privat agierende Unternehmen *MaaS Global* wurde im Jahr 2015 von Sampo Hietanen mit dem Ziel gegründet, Mobilitätsdienstleistungen mittels einer digitalen Plattform zu bündeln. Darüber sollte den Menschen eine einfache Möglichkeit geboten werden, mit der sie ihre Fortbewegung multimodal sowie intermodal und damit nachhaltig organisieren können – *freedom to mobility* ist dementsprechend das Motto von *MaaS Global*. Das Unternehmen entwickelte zunächst eine technische Schnittstelle als Basis der Datenverarbeitung zwischen verschiedenen Akteuren der Verkehrsbranche im Großraum Helsinki. Dieses *back end* bildet die technische Grundlage der Plattform von *MaaS Global* (Audouin und Finger 2018: 5). Im Jahr 2016 brachte *MaaS Global* die App Whim heraus, zunächst noch beschränkt auf den lokalen öffentlichen Personennahverkehr in Helsinki, einer Autovermietung (Sixt) sowie Taxifahrten (Lähitaksi, Taksi Helsinki). Ein Sharing-Anbieter ist mit *Helsinki city bikes* im Jahr 2018 hinzugekommen. Heute vereint die Plattform alle Formen von Mobilitätsdienstleistungen: vom öffentlichen Verkehr, über Vermietung und Taxi bis zu Car-, Bike- und E-Scooter Sharing. Die Angebote können als Pakete monatlich gebucht werden (◘ Abb. 4.6). Von Beginn an ist das Unternehmen bestrebt, die Plattform über Helsinki hinaus zu betreiben und international zu skalieren. Mit Stand 2022 bietet *MaaS Global* mit der Whim-App ihre Dienstleistung in Belgien (Antwerpen) an, in Finnland (Helsinki, Turku), Japan (Tokio), Österreich (Wien) und in der Schweiz. In der Schweiz wurde die Whim-App im Jahr 2021 eingeführt. Dort wird die Plattform auf nahezu nationaler Ebene betrieben. Im selben Jahr übernahm *MaaS Global* die spanischen Start-ups *Wondo* und *Ferrovial* sowie im Jahr 2022 den MaaS Anbieter *Quicko* mit mehr als 500.000 Nutzenden in Brasilien. Das Finanzmodell von *MaaS Global* trägt sich bislang dennoch nicht selbständig, bislang ist das Unternehmen auf Investitionen angewiesen. Seit der Gründung hat es circa 65 Millionen Euro an Fremdkapital eingeworben (MaaS Global 2022). ◄

4.2.3 MaaS in Europa

Ausgehend von ersten Konzepten in den skandinavischen Ländern wurde die MaaS-Idee weltweit in vielen Ländern aufgegriffen. Da zumeist ein grundständiges Angebot verschiedener Verkehrsdienstleister als Voraussetzung vorhanden sein muss, beschränken sich die Projekte zumeist auf Städte mit einem relativ hohen Standard im öffentlichen Verkehr. In der Europäischen Union kommt hinzu, dass Bestrebungen zur Gestaltung eines klimafreundlicheren Verkehrs oft einen Rückhalt in der Politik finden. Beides zusammen, einerseits ein in der EU vergleichsweise gut ausgebautes Verkehrssystem in den größeren Städten, andererseits die Bestrebungen zum Klimaschutz, bilden Vorteile, die MaaS Systeme in den Ländern der EU befördern.

HSL 30-day student season ticket	**HSL 30-day season ticket**	**Whim Unlimited**
ab 35,90 € für 30 Tage	*ab 65,30 € für 30 Tage*	*699 € für 30 Tage*
– ÖPNV Monatsticket – E-Scooter 60 Min. + 10,99 € – Zugang zu Whim benefits	– ÖPNV Monatsticket – E-Scooter 60 Min. + 10,99 € – Taxi bis 3 km/10 Min. zum Fixpreis von 12,50 Euro – Zugang zu Whim benefits	– Unbegrenzt unterwegs mit ÖPNV Einzelticket, Mietwagen, Bike-Sharing, E-Scooter-Sharing – 80 Taxifahrten je 5 km – Zugang zu Whim benefits

Whim Benefits

Rabat Mietwagen 55 €/24 h – Rabat Taxifahrt 35% – Bike-Sharing 1x30 Minuten frei – Co-Working Arbeitsplatz 1 freier Tag

◘ **Abb. 4.6**   Angebotspakete von Whim für die Region Helsinki (Stand 06/2022)

Den Impuls für die Umsetzung eines MaaS Systems in einer Region setzten zumeist die öffentlichen Träger des Nahverkehrs. Sie fördern Pilotprojekte und versuchen darüber die Akteure zusammenzubringen. Die Anlaufphasen sind langwierig und regelmäßig abhängig von Fördermitteln, wobei gerade die Befristung der Fördermittel ein erhebliches Problem darstellt. Stehen die Mittel nach der Förderphase nicht mehr zur Verfügung, müssen sich die Akteure die Frage der Fortführung stellen. Darin liegt ein Grund, dass eine Vielzahl an Pilotprojekten nicht über die Anlaufphase hinauskommen und eingestellt werden.

Der Grad der Integration variiert stark zwischen den Städten mit MaaS. Eine echte Integration der Stufe 3 oder sogar 4 ist selten. Deren Implementierung ist mit einem besonderen Organisationsaufwand verbunden und nur mit ausgeprägten politischen Rückhalt realisierbar. Überholte gesetzliche Regelungen und fehlende Finanzierungsinstrumente setzten dem System hohe Hürden, was die Überführung in einen Regelbetrieb erschwert.

Einfachere MaaS Integrationen niedrigerer Stufe sind dagegen häufiger in europäischen Städten anzutreffen. Die MaaS Systeme niedrigeren Grades lassen sich mit geringerem Aufwand und in Eigenregie durch die Unternehmen implementieren. Im Regelbetrieb sind die Unternehmen weniger abhängig von einer politischen Unterstützung oder öffentlichen Förderung.

4.2.4 Nutzerinnen und Nutzer von MaaS

Zu den frühzeitigen Anwendern, den sogenannten *early adopters,* zählen vorrangig Menschen, die sich von digitalen Anwendungen angesprochen fühlen. Die Fähigkeit, mit digitalen Anwendungen umzugehen, ist ein wesentliches Merkmal für die Akzeptanz von MaaS. (Hensher und Mulley 2021).

Eine Hauptnutzergruppe von MaaS sind in der Regel bereits Kundinnen und Kunden verschiedener Verkehrsdienstleister, die in der Integration weiterer Angebote einen Vorteil zur Erweiterung und Flexibilisierung ihrer Fortbewegugsmöglichkeiten sehen. Sie sind also bereits mit dem öffentlichen Verkehr vertraut und haben keine Berührungsängste gegenüber neuen Angeboten. Es ist davon auszugehen, dass ein MaaS mit einem explizit multimodalen Angebot insbesondere für diejenigen Personen attraktiv ist, die bereits entsprechend multimodal unterwegs sind und den Aspekt der Nachhaltigkeit berücksichtigt wissen wollen. Von ihnen erwartet das System keine nennenswerten Verhaltensänderungen. Eine weitere wichtige Nutzergruppe sind Personen, die zwar einen Pkw als Zweit- oder auch Erstwagen wünschen, aber nicht unbedingt ein eigenes Fahrzeug besitzen müssen. Durch die Integration von Pkw-Fahrten über Carsharing und Autovermietung fühlt sich diese Kundengruppe von MaaS angesprochen (Karlsson 2020: 230).

Schwieriger zu erreichen sind hingegen Menschen, die ihre Fortbewegung weitgehend auf den eigenen Pkw abgestellt haben. Diese Personengruppe ist allgemein über Angebote des öffentlichen Verkehrs kaum dazu zu bewegen, ihre Verkehrsmittelnutzung zu überdenken. Sollen sie für den öffentlichen Verkehr allgemein und speziell für MaaS Angebote gewonnen werden, sind begleitende Maßnahmen erforderlich, die auf eine Reduzierung der Privilegien des Pkw Verkehrs zielen.

4

Die Trennlinie zwischen denjenigen, die MaaS nutzen, und jenen Pkw affinen Menschen, die sich einen Umstieg vom Auto auf Mobilitätsdienstleistungen nicht vorstellen können, verläuft zwischen der persönlichen Einstellung zur Fortbewegung: Die einen verstehen Verkehrsangebote und Fortbewegungsmöglichkeiten als Dienstleistung, während die anderen ihre Fortbewegungsmittel eher als Vermögenswerte ansehen, die sich im eigenen Besitz befinden (Ho et al. 2020: 88). Matowicki et al. kommen in ihrer Studie über das Potenzial von MaaS zum Schluss: Persönliche Einstellungen beeinflussen die Nutzung – insbesondere die Einstellung zum Carsharing, zur Nachhaltigkeit der eigenen Fortbewegung und zum sozialen Einfluss (Matowicki et al. 2022: 204). Im Aspekt *Besitzen oder Teilen* kommt auch bei MaaS die vorherrschende sozio-kulturelle Ordnung des Konsums und Verbrauchs unserer Gesellschaft zum Tragen. In der überwiegend kapitalistisch organisierten Verbrauchsgesellschaft tendieren die Konsumgewohnheiten darauf ausgerichtet, die Werkzeuge des täglichen Lebens zu besitzen (vgl. etwa Dörre 2021).

4.2.5 MaaS in der Kritik

MaaS soll den segmentierten Verkehrsmarkt unter einem Dach zusammenführen und Verkehrslösungen aus einer Hand anbieten. Nicht die Beförderung durch einzelne Verkehrsunternehmen ist Ausgangspunkt der Fortbewegung, vielmehr versucht MaaS, individuell zugeschnittene Mobilitätslösungen für jeden Einzelnen bereitzustellen (Becker et al. 2020). Die Verkehrspolitik vieler Kommunen sieht in MaaS ein Mittel, dem motorisierten Individualverkehr eine attraktive Alternative gegenüberzustellen. MaaS gilt insofern als Instrument zum Klimaschutz und der Erreichung von Nachhaltigkeitszielen.

Trotz der gesellschaftlichen Ziele im Verkehrssektor haben es MaaS Systeme schwer, sich am Markt durchzusetzen. Auch wenn die Zahl der Pilotprojekte zunimmt, ist MaaS noch weit von einem flächendeckenden Einsatz entfernt. Meist sind die Angebote auf größere Städte oder sogar Metropolen beschränkt (Karlsson et al. 2020: 283). Zunächst müssen verschiedene Mobilitätsdienstleistungen in einer Region vorhanden sein – ohne ein Grundangebot kann kein MaaS funktionieren. Gründe für die schleppende Marktdurchdringung liegen aber auch in den starren Strukturen zur Regulierung des öffentlichen Verkehrs und dem am Privatfahrzeug ausgerichteten Mobilitätsverhalten der Menschen.

MaaS und die Regulierung des öffentlichen Verkehrs

In einigen Ländern sind die Verkehrsmärkte stark reguliert. Die Bestimmungen regeln den Marktzugang, das Angebot und die Tarife. Diese Regelungen begünstigen die klassischen Angebote des öffentlichen Verkehrs mit Unternehmen, die Verkehrsleistungen für einzelne Segmente anbieten. Vernetze Angebote treffen damit auf eine Gesetzeslage, die zu weiten Teilen nicht auf sie eingestellt sind. Das verhindert Innovationen und bremst die Entwicklung von MaaS aus.

Dabei berührt MaaS Fragen der Verkehrsplanung, der Nachhaltigkeit im Verkehrssektor und zur individuellen Mobilität der Menschen. In der Folge liegt MaaS an der Schnittstelle verschiedener Zuständigkeiten politischer Institutionen und Kommunalverwaltungen. Die fehlende Einordnung in das klassische

Verkehrssystem – bestehend aus kommerziellen Anbietern, öffentlichen Verkehrsdienstleistern und der Planung des motorisierten Individualverkehrssystems – macht es für Verwaltungen schwierig klare Zuständigkeiten zu definieren (Mukhtar-Landgren/Smith 2019). Seitens des Gesetzgebers bedarf es einer Novellierung der Regelungen des öffentlichen Verkehrs sowie einer Anpassung der Finanzierungsinstrumente. Ohne Unterstützung durch Gesetzgebung und Finanzierung werden sich MaaS-Angebote nur schwer am Markt durchsetzen können.

Mobilitätsverhalten

Ungeklärt ist, wie sich die Menschen auf das flexible Angebot einstellen. Es könnte sich durchaus der Effekt eines ungewünschten induzierten Verkehrs einstellen. Unter induziertem Verkehr versteht man den Effekt, dass aufgrund erleichterter oder erweiterter Möglichkeiten mehr Wege zurückgelegt werden – das Angebot also eine Nachfrage nach Wegen stimuliert, die sonst nicht zurückgelegt worden wären. Weiterhin könnten Personen, die bislang überwiegend den öffentlichen Verkehr nutzen, mittels des Carsharings und der Mietwagen-Angebote an ein eigenen Pkw herangeführt werden. Sowohl induzierter Verkehr als auch die Heranführung an den motorisierten Individualverkehr sind Effekte, die gegen den Gedanken nachhaltiger Mobilität sprechen (Storme et al. 2020: 209).

MaaS und Pkw im privaten Besitz

Bislang nicht abschließend geklärt ist die Frage, ob Menschen auf ein Auto im Privatbesitz aufgrund von MaaS Angeboten verzichten. Einige Studien kommen zu dem Schluss, dass kein nennenswerter Effekt erwartet werden darf (Becker et al. 2020: 228; Storme et al. 2020: 204). Das bestehende Verkehrssystem ist so stark am motorisierten Individualverkehr ausgerichtet, dass es den Menschen mitunter unmöglich erscheint, kein eigenes Auto mehr zu besitzen. Storme et al. (2020: 204) leiten daraus ab, dass MaaS als Ergänzung zum eigenen Pkw und nicht als dessen Ersatz gesehen werden sollte.

Solange die Verkehrspolitik den motorisierten Individualverkehr mit Privilegien ausstattet, werden MaaS Angebote – wie der öffentliche Verkehr allgemein – nicht in der Lage sein, dem Pkw im Privatbesitz eine adäquate Alternative gegenüberzustellen.

Datenschutz und Datensicherheit

MaaS beruht auf einem durch Daten getriebenen Geschäftsmodell, das massenhaft Informationen der Nutzenden erfasst und auswertet. Daten zum Mobilitätsverhalten, den Wegebeziehungen und den persönlichen Merkmalen der Menschen fallen in den Bereich hochsensibler und schützenswerter Informationen. Sobald ein kommerzielles Unternehmen massenhaft diese Daten erzeugt oder Zugang zu ihnen erhält, ergibt sich die Frage nach dem Standard an Datenschutz und Datensicherheit. Zumindest in der Europäischen Union sind die MaaS Anbieter an die Datenschutzgrundverordnung gebunden, was einen Grundstandard an Datenschutz gewährleistet (Cottrill 2020). Allerdings verfügen auch unter dem Dach der Grundverordnung die Unternehmen über Möglichkeiten, die Daten der Nutzenden entgegen ihren Interessen zu verwenden. Die Frage nach einem sensiblen Umgang jener Daten, die

MaaS Systeme erzeugen, geht jedoch bislang weitgehend in der generellen Debatte um die Einführung von MaaS unter.

4.3 Fahrdienstvermittlung

Die Vermittlung von Fahrten oder Fahrtdienstleistungen über eine Plattform hat im Verlauf der letzten Jahre eine zunehmende Ausdifferenzierung erfahren. Dabei haben sich insbesondere die sogenannten Ridehailing-Anbieter hervorgetan. Sie vermitteln Fahrtdienstleistungen zwischen selbstständig agierenden Chauffeuren und potenziellen Fahrgästen. Unternehmen wie UBER, Didi oder Lyft sind in vergleichsweise kurzer Zeit zu global agierenden Tech-Konzernen herangewachsen – in vielen Ländern konnten sie mit ihrem Geschäftsmodell einen neuen Markt für Chauffeurdienstleistungen etablieren.

Neben den Ridehailing-Anbietern gibt es eine Reihe weiterer Formen der Fahrtvermittlung. Dazu gehört die klassische Mitfahrgelegenheit, die allerdings eher einen Nischenmarkt abdecken. Im Zuge der klimagerechten Anpassung des Verkehrs gewinnen sie dennoch an Bedeutung, und zwar als ergänzende Alternative zur Reduzierung individueller Autoabhängigkeit.

Insgesamt werden drei Arten von Plattformen für die Fahrdienstvermittlung unterschieden: *Ridesharing*, *Ridepooling* und *Ridehailing*. Allen Formen gemeinsam ist die Vermittlung von Fahrten, wobei die Abwicklung der Fahrt oder der Dienstleistung die Plattformen charakterisiert (◻ Tab. 4.2).

Ridesharing ist wohl eine der am längsten bestehenden Angebote. In Deutschland firmiert sie unter der Bezeichnung der klassischen Mitfahrgelegenheit. Mit der Durchdringung des Internets sind erste Plattformen für die Vermittlung von Mitfahrgelegenheiten aufgekommen. Die Ursprünge liegen im Trampen (per Anhalter fahren) als eine preiswerte Form des Unterwegsseins. Das Trampen reicht bis in die 1920er-Jahre zurück. Jemand nimmt auf einer privat veranlassten Fahrt einen Fahrgast mit, offeriert sozusagen einen freien Platz. Die Ursprünge des Trampens sind

◻ **Tab. 4.2** Charakteristika von Ridesharing, Ridepooling und Ridehailing

Ridesharing	Ridepooling	Ridehailing
– klassische Mitfahrgelegenheit – Person offeriert einen freien Platz während einer privat veranlassten Fahrt, die sie mit eigenem Fahrzeug zurücklegt – Fahrt findet unabhängig von der Beförderung weiterer Personen statt – Entgelt zumeist in Form einer Kostenbeteiligung	– Bündelung mehrerer Fahrtwünsche mit ähnlichem Start- oder Zielpunkt (pooling) – kommerzielles Verkehrs-/Chauffeurunternehmen führt Fahrten durch – Fahrgäste teilen sich eine Fahrt – Fahrtbündelung wird als Preisvorteil dem Fahrgast weitergegeben	– taxi-ähnliche kommerzielle Chauffeurdienstleistung – Fahrgast bucht Fahrt über Ridehailing-Plattform – individueller Start- und Zielpunkt entsprechend Fahrgastwunsch – Plattform vermittelt zwischen Dienstleister und Fahrgast
öffentlicher Zugang – kollektive Nutzung		öffentlicher Zugang – individuelle Nutzung

wohl auch dafür verantwortlich, dass die Mitfahrgelegenheit immer noch als eine Art Budget-Version, als besonders preiswerte Form der Fortbewegung betrachtet gilt.

Demgegenüber steht das *Ridepooling,* eine Chauffeurdienstleistung, die kommerziell angeboten wird. Im *Ridepooling* teilen sich mehrere Fahrgäste mit ähnlichem Ziel die Beförderung – sie teilen sich die Fahrt. Das Plattformunternehmen bündelt über ein Matching-Verfahren jene Fahrtwünsche, die sich über möglichst wenig Umweg gemeinsam abwickeln lassen. Ein Chauffeurdienstleister holt die Fahrgäste entlang einer von der Plattform vorgegebenen Route ab und führt die Fahrt durch. Die Fahrtbündelung wird als Preisvorteil dem Fahrgast weitergegeben.

Ridesharing als auch *Ridepooling* sind öffentlich zugängliche Dienstleistungen, jeder kann grundsätzlich die Fahrten in Anspruch nehmen. Anders als im öffentlichen Personenverkehr besteht indes beim *Ridesharing* keine Beförderungspflicht, der Anbieter einer Mitfahrgelegenheit kann den Transport ablehnen. Beides sind Formen einer kollektiven Nutzung, die Fahrt kommt Mehreren zugute, sie wird sozusagen geteilt.

Ridehailing kann ebenfalls grundsätzlich von allen genutzt werden, ist öffentlich zugänglich, anders als die zuvor genannten Dienstleistungen handelt es sich beim *Ridehailing* allerdings um eine individuelle Nutzung. Die Durchführung der Fahrt bleibt in der Regel als eine Chauffeurdienstleistung jener Person vorbehalten, die über eine Ridehailing-Plattform die Fahrt angefordert hat.

4.3.1 Ridesharing

Der Begriff *Ridesharing* ist nicht eindeutig definiert. Mitunter wird *Ridesharing* für die Vermittlung von Chauffeurdienstleistungen verwendet – also Plattformen wie UBER oder Lyft. Bei diesen Chauffeurdienstleistungen handelt es sich allerdings streng genommen nicht um das Teilen einer Fahrt, sondern eben um eine eigene vom Fahrgast gebuchte Chauffeurdienstleistung – also dem *Ridehailing* (siehe ▶ Abschn. 4.3.3). An dieser Stelle umfasst der Begriff *Ridesharing* die Vermittlung und Inanspruchnahme von Mitfahrgelegenheiten. Mitfahrgelegenheiten werden von Personen angeboten, die einen freien Platz in ihrem eigenen Fahrzeug für eine private Fahrt zur Verfügung stellen. Die Ridesharing-Plattform vermittelt dieses Angebot auf Nachfrageseite für Personen mit ähnlichem Ausgangs- und Zielpunkt. Im Grunde gehören die Dienstleistungen rund um das *Ridesharing* ebenso der *Sharing Economy* an (siehe ▶ Kap. 5), werden doch von Privatpersonen Fahrten zum Teilen angeboten. Indem allerdings eine Vermittlungsplattform zwischen Anbietenden und Nachfragenden zwischengeschaltet ist, wird hier das *Ridesharing* in der Kategorie der Plattform-Ökosysteme aufgeführt.

Fahrten auf der Mittel- und Langstrecke

Für Mittel- und Langstreckenfahrten besteht eine gewisse Nachfrage nach Mitnahmeverkehren. Dabei bedienen die Vermittlungsplattformen einen überaus preissensiblen Markt. Die Angebotsseite strebt eine Senkung der Verbrauchskosten an, die Nachfrageseite möglichst niedrige Beförderungskosten. Insofern stehen die Plattformen in Konkurrenz zu anderen Anbietern im Niedrigpreissegment – allen voran den Fernbuslinienbetreibern.

In Deutschland startete die internetbasierte Vermittlung von Mitfahrten im Jahr 2001 mit den Plattformen *mitfahrgelegenheit.de* und *mitfahrzentrale.de* – beide Dienste wurden von der Carpooling GmbH betrieben. Zeitweise investierte die Daimler AG in diesen Dienst, der sich auf die Vermittlung von Mittel- und Langstreckenfahrten konzentrierte. Die Carpooling GmbH vermochte es allerdings nicht, ihr Geschäftsmodell zu monetarisieren. Die Einführung einer Vermittlungsgebühr im Jahr 2013 führte eher dazu, dass sich eine kritische Anzahl von Nutzenden vom Dienst abwendete (vgl. Schweitzer/Brendel 2018). Der Misserfolg von *mitfahrzentrale.de* ermöglichte dem Konkurrenten *BlaBlaCar* in den deutschen Markt einzusteigen. Das französische Unternehmen *Comuto S.A.*, das hinter der Marke *BlaBlaCar* steht, hat im Jahr 2015 die *Carpooling GmbH* übernommen und damit eine marktbeherrschende Stellung in Deutschland erreicht.

> ▶ **Praxisbeispiel**
>
> *BlaBlaCar* ist eine Plattform, die Mitfahrgelegenheiten überwiegend zwischen Städten auf der Langstrecke vermittelt. Die Ursprünge der Plattform liegen in Frankreich. Frédéric Mazzella entwickelte die Idee im Jahr 2003. Er erzählt eine klassische Gründungsgeschichte: Zum Weihnachtsfest 2003 wollte er nach Hause zu seinen Eltern reisen, die Züge waren allerdings ausgebucht und so musste seine Schwester in über einen Umweg aus Paris abholen. Bei der anschließenden Fahrt beobachtete er die anderen Autos und bemerkte, dass die meisten Fahrzeuge nur mit Fahrer oder Fahrerin besetzt sind. Von dieser Erfahrung ausgehend gründete er die Plattform *BlaBlaCar*. Heute ist das Unternehmen in 22 Ländern tätig, beschäftigt rund 800 Mitarbeitende und hat nach eigenen Angaben eine Nutzendenbasis von circa 90 Mio. Mitgliedern (jeweils im Jahr 2022). Der Erfolg von *BlaBlaCar* basiert auf eine frühzeitige Expansion – bereits im Jahr 2008 stieg das Unternehmen in den italienischen Markt ein, im Jahr 2013 folgte Deutschland. Insbesondere in Italien, das besonders durch die Finanzkrise und hohen Treibstoffpreise getroffen wurde, entwickelte sich eine stabile Nutzendenbasis. ◀

Die Geschäftsgrundlage von Ridesharing zeichnet sich nicht allein durch die Online-Plattform zur Vermittlung von Fahrten aus. Integraler Bestandteil sind die Komponenten zur Bewertung und Interaktion von Nutzenden untereinander. Mit Funktionen wie Chat und Bewertungen, die an soziale Medien anlehnt sind, schaffte es *BlaBlaCar* an die Verbreitung von Smartphones und sozialen Netzwerken anknüpfen. Indem die Nutzenden sich auf der Plattform austauschen und bewerten können, steigt das Vertrauen und sogleich die Bindung an eine Community. Dadurch reduzieren sich wesentliche Hemmnisse bei der Nutzung von Mitfahrgelegenheiten (vgl. Saxena et al. 2020).

Angebote für Pendler

Auf der Kurzstrecke etabliert sich zunehmend ein neuer Markt für Berufspendler. Aus der Erkenntnis der Preissensibilität heraus hat sich die Zielgruppe verschoben. Neue Anbieter sehen nicht mehr die direkten Nutzenden als zahlende Kundengruppe, also nicht mehr die Pendler, sondern haben ein drittnutzenbasiertes Geschäftsmodell entworfen. Sie bieten ihre Vermittlungsleistung für Unternehmen und Organisationen mit einer hohen Anzahl an Beschäftigten an. Die Unternehmen und Organisationen stellen die Vermittlungsplattform ihren Beschäftigten zur

Verfügung, die darüber Fahrgemeinschaften zur gemeinsamen Arbeitsstätte organisieren können. Die Vermittler monetarisieren ihre Leistung über Servicegebühren, die die Unternehmen und Organisationen zahlen. Die Fahrgemeinschaften teilen die Kosten der Fahrt, zahlen aber in der Regel keine Vermittlungsgebühren. Für die Unternehmen und Organisationen, die die Dienstleistung einkaufen, ergeben sich verschiedene Vorteile: Ist das Modell erfolgreich, können Flächen für Parkplätze eingespart werden, im Umweltbericht kann das Unternehmen die Aktivität für eine nachhaltige Gestaltung von Berufswegen sowie eine CO_2-Reduktion der Mitarbeitermobilität ausweisen. Damit erwirbt das Unternehmen einen Baustein zum betrieblichen Mobilitätsmanagement. Über die eigentliche Kosteneinsparung hinaus können weitere Anreizsysteme für die Beschäftigten geschaffen werden – etwa exklusive Parkplätze am Standort oder ein Bonussystem. Manche Vermittler haben Elemente von Gamification implementiert, um weitere Anreize zu schaffen und die Nutzenden an die Dienstleistung zu binden.

4.3.2 Ridepooling

Ridepooling, also die Bündelung von ähnlichen Fahrtwünschen verschiedener Fahrgäste, ist eine kommerzielle, hoch digitalisierte Dienstleistung. Im Kern stehen das sogenannte *Matching* der Fahrtwünsche, die damit verbundenen Routenfindung sowie Navigation. Angebote des *Ridepooling* agieren zwischen den Taxidiensten, die Passagiere auf direktem Weg zu ihrem Ziel bringen, und dem öffentlichen Nahverkehr entlang fester Haltestellen (■ Abb. 4.7). Auch wenn bedarfsgesteuertes *Ridepooling* bislang einen Nischenmarkt bedient und über Pilotprojekte kaum hinausgewachsen ist, wird dem Dienst ein Potenzial für die künftige Organisation der Fortbewegung in der Stadt zugeschrieben. Hier liegt der Gedanke zugrunde, dass alle Beteiligten profitieren können: Fahrgäste gelangen zu ihrem Ziel wie in einem Taxi und können geringere Kosten erwarten, da sich mehrere Passagiere die Fahrt teilen; Verkehrsunternehmen erhöhen ihre Auslastung und auf Ebene der Gesellschaft führen weniger Einzelfahrten zu einer geringeren Verkehrsbelastung (Kucharski et al. 2021: 1078).

Die Idee des *Ridepooling* ist alles andere als neu. Unternehmen im öffentlichen Personenverkehr betreiben seit einiger Zeit verschiedenartige Sammelver-

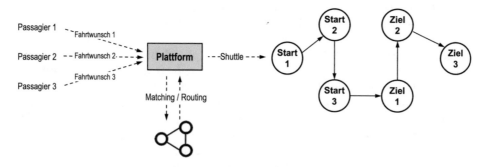

■ **Abb. 4.7** Symbolischer Verlauf einer Ridepooling-Fahrt

4

kehre. Diese auch als Anrufbus oder Anrufsammeltaxis bezeichneten Angebote verstehen sich als Bedarfsverkehr im Flächenbetrieb. Sie haben die Aufgabe, auch zu Zeiten und an Orten mit geringer Nachfrage ein Grundangebot öffentlicher Verkehrsdienstleistung aufrechtzuerhalten. Die Buchung per Telefon sowie eine personengebundene Distribution beschränken die Leistungsfähigkeit dieser Angebote. Auch *Ridepooling*-Anbieter verstehen sich zuweilen als öffentliche Verkehrsdienstleistung, die gelegentlich unter schwierigen Nachfragebedingungen operiert (in diesen Fällen wird die Dienstleistung oft aus einer Hand von den Verkehrsunternehmen im Rahmen von Pilotprojekten betrieben). Jedoch anders als die klassischen Anrufsysteme verwenden Ridepooling-Anbieter digitale Systeme zur Fahrtenbündelung – mit zeitgemäßem Image und eigener Zielgruppe.

Unterschieden werden Ridepooling-Anbieter, die ihre Dienstleistung aus einer Hand durchführen, und reine Vermittler. Anbieter, die auch die Fahrten durchführen und nicht nur als Vermittler zwischen Chauffeurdienstleister und Fahrgast auftreten, betreiben eine eigene Fahrzeugflotte. In Deutschland sind das etwa Anbieter wie *BerlKönig,* eine Dienstleistung der Berliner Verkehrsbetriebe, oder *MOIA,* ein Tochterunternehmen von Volkswagen. Daneben bestehen reine Vermittlungsplattformen, die keine eigene Fahrzeugflotten betreiben, sondern für Verkehrsunternehmen die Betriebsorganisation abwickeln – also die Angebotsplanung übernehmen, die Fahrtorganisation, Betriebsüberwachung, IT-Infrastruktur, Kundendienst und gelegentlich das Marketing. In Deutschland zählen dazu die Anbieter *CleverShuttle* und *ioki.* Auch Ridehailing Dienstleister wie *UBER* und *Lyft* organisieren über ihre Plattformen eigene Ridepooling Angebote, die sich im Vergleich zu der klassischen Ridehailing-Fahrt durch günstigere Preise auszeichnen.

4.3.3 Ridehailing

Ridehailing-Dienste haben ihren Ursprung in San Francisco, USA. Dort starteten fast zeitgleich die Unternehmen *UBER, Lyft* und *Sidecar* mit ihren Vermittlungsdiensten. *Lyft* ging unter dem Namen Zimride im Jahr 2007 als Plattform für Mitfahrgelegenheiten an den Start und entwickelte darüber eine Peer-to-Peer Plattform für die Fahrtvermittlung auf Mittel- und Langstrecken. Die Gründer von Zimride wollten eine Alternative schaffen zum eigenen Automobil und damit Lebensqualität in den Städten zurückbringen. Die Idee des Ridehailing verbindet somit die Faszination der digitalen Möglichkeiten mit dem Wunsch nach einem nachhaltigen Lebensstil – beides Elemente, die sich im Selbstverständnis der Dienstleister heute noch wiederfinden. Der Durchbruch der App-basierten Ridehailing-Unternehmen ging einher mit dem Aufkommen mobiler Endgeräte und des mobilen Internets. Im Jahr 2009 startete *UBER* (damals als UberCap) eine mobile Anwendung ebenfalls in San Francisco. Ursprünglich sollte die Bestellung von Taxis so einfach wie möglich erfolgen sowie die Wartezeit verkürzt werden – doch der Dienst entwickelte sich rasch als Vermittler zwischen Fahrgästen und selbstständigen Fahrerinnen und Fahrern weiter. *UBER* und *Lyft* expandierten zunächst in andere Großstädte der USA und bald darauf auch international.

Andere Anbieter griffen die Idee auf und übertrugen das Geschäftsmodell auf eigene Märkte: *Ola Caps* in Indien, *Grab* in Südost-Asien oder *Didi Chuxing* in China. *Didi* übernahm im Jahr 2016 das China-Geschäft von *Lyft* und avancierte damit zum Ridehailing-Dienst mit der weltweit größten Reichweite und Nutzendenbasis. Heute haben sich die Ridehailing-Dienste neben dem öffentlichen Personennahverkehr sowie dem Taxigewerbe in vielen Städten als weitere Säule des öffentlichen Verkehrs etabliert, mit Schwerpunkt in den Ländern Asiens und Nordamerikas (Shaheen 2018).

Prinzip der Fahrdienstvermittlung im Ridehailing

Ridehailing-Unternehmen verstehen sich als Technologieunternehmen, die eine Plattform für die Fahrtvermittlung zwischen Fahrgästen und Fahrerinnen oder Fahrern anbieten. Die eigentliche Transportdienstleistung erstellen in der Regel selbständige Fahrerinnen oder Fahrern, die zumeist mit ihrem privaten Pkw die Passagiere befördern. Der Kern der Ridehailing-Dienstleistung – und damit die Wertschöpfung – besteht in der Plattform.

Das Plattformprinzip ist allen Anbietern gleich: Über jeweils eine mobile Applikation ordern Passagiere eine Fahrt, der Fahrer oder die Fahrerin nehmen über eine mobile Applikation die Fahrt an. Die Leistung der Plattform besteht im *Matching* von Passagier und Chauffeur-Dienstleister (◘ Abb. 4.8). Hierbei gilt es eine Balance zwischen der Wartezeit des Passagiers und der Auslastung der Fahrerin zu finden. Position und Status eines Fahrers sind der Plattform immer bekannt – aus der Summe von verfügbaren (oder in kurzer Zeit verfügbaren) Fahrern ergibt sich ein potenzieller Fahrerpool. Das *Matching* berücksichtigt ebenfalls eine laufende Beförderung, und zwar unter Berücksichtigung von Ziel der Fahrt und geschätzter Zeit bis zum Absetzen – so kann bei hoher Nachfrage bereits während einer laufenden Beförderung ein Folgeauftrag angenommen werden. Aus der Rou-

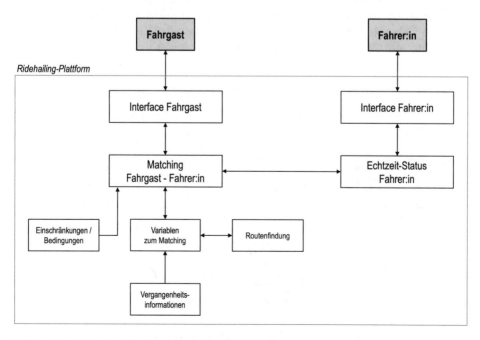

◘ **Abb. 4.8** Prinzip der Fahrdienstvermittlung im Ridehailing

tenberechnung ergeben sich die Fahrzeiten zur Position des Fahrgastes und damit mögliche Wartezeiten. Hinterlegte Limits bestimmen, ob die Plattform einem Fahrer einen angefragten Auftrag anbietet. Ebenfalls hinterlegt sind Bedingungen und Einschränkungen sowohl vom Fahrer als auch vom Passagier. So kann die Anzahl beförderbarer Passagiere etwa durch die verfügbaren Sitzplätze begrenzt sein. Die Variablen des Matching-Prozesses berücksichtigen eine ganze Reihe von Vergangenheitsinformationen. Das beinhaltet die Nachfrage und das Angebot in einem bestimmten Gebiet, eine bestimmte Tageszeit oder typische Start-Ziel Beziehungen.

Am Ende des Matching-Prozesses ergibt sich ein Pool an möglichen Fahrerinnen und Fahrern, die den Anforderungen entsprechen und den Auftrag ausführen können. Diesem Fahrpersonal wird der neue Auftrag über die Applikation angeboten, sie können ihn annehmen oder ablehnen. Sobald ein Fahrer einen Auftrag angenommen hat, informiert die Plattform den Kunden über die Position, die geschätzte Ankunftszeit und das hinterlegte Profil des Fahrers oder der Fahrerin. Während der Fahrt können die Passagiere mittels der Applikation den Fahrtverlauf folgen. Am Ende der Fahrt steht der Bezahlvorgang, auch abgewickelt durch die Plattform, sowie eine Möglichkeit, die Fahrt und das Fahrpersonal zu bewerten.

Erlösmodell und Preiskalkulation

Ihre Erlöse erzielen die Ridehailing-Dienstleister fast ausschließlich über eine Vermittlungsprovision (Abb. 4.9). Das Fahrpersonal hat keinen Einfluss auf die Preisgestaltung. Die Provision wird direkt vom Fahrtentgelt abgezogen, sie besteht aus einem Pauschalbetrag pro Fahrt – als Dienstleistungs- und Buchungsgebühr – sowie einem variablen Anteil. Beim variablen Anteil kommt es entscheidend darauf an, in welcher Region die Fahrt angeboten wird. In Städten, in denen ein starker Wettbewerb zwischen den Anbietern herrscht, ist die Provision manchmal niedriger, um Fahrer und Fahrerinnen zu halten oder von der Konkurrenz abzuwerben. *UBER Inc.* gibt für das Geschäftsjahr 2018 an, dass der variable Satz je nach Re-

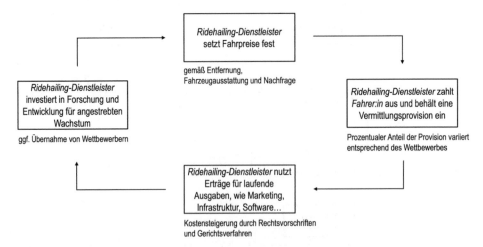

 Abb. 4.9   Vereinfachtes Geschäftsmodell der Ridehailing-Dienstleistung (verändert nach Wirtz und Tang 2016: 626)

gion zwischen 12 und 24 % des Fahrpreises beträgt (United States Securities and Exchange Commision 2019: 112). Untersuchungen, die sich mit dem Verdienst des Fahrpersonals auseinandersetzen, haben hingegen weitaus höhere Abgaben ermittelt. Nicht selten sind die Fahrer und Fahrerinnen bei mehreren Plattformen angemeldet und versuchen ihren Erlös zu steigern, indem sie Vermittlungsvorschläge von mehreren Plattformen annehmen.

Besonders in die Kritik geraten ist das dynamische Preismanagement der Dienstleister für die einzelne Beförderung. Demnach berechnet sich der Fahrpreis nicht allein aus der zurückgelegten Strecke und der aufgewendeten Zeit, wie im Taxigewerbe üblich, vielmehr bezieht eine komplexe, dynamische Berechnung das Angebot und die Nachfrage, die Region und die Tageszeit in die Preisberechnung ein. Das Verfahren ist unter *dynamic pricing* oder *surge pricing* bekannt.

Das dynamische Preismanagement dient zur Gewinnmaximierung: Ist die Nachfrage hoch und kann das Angebot die Nachfrage nicht decken, akzeptieren die Kunden höhere Preise. Ein zusätzliches Angebot kann wiederum dadurch erwirkt werden, dass Fahrerinnen und Fahrer ihre Dienstleistung anbieten oder sich in das Gebiet begeben, in dem sie einen höheren Fahrpreis erzielen. Bei einem hohen Angebot können andererseits Kunden durch herabgesetzte Preise dazu angeregt werden eine Fahrt zu ordern, die sie anderenfalls nicht mit einem Fahrtdienst durchgeführt hätten. Die dynamische Preisanpassung erlaubt es, diese Effekte zu monetarisieren sowie Nachfrage und Angebot über die Preisgestaltung in gewisser Hinsicht zu steuern (◻ Abb. 4.10). Das geschieht durch *surge pricing* in Echtzeit. Einmal mehr erlaubt die massenhafte Datenerfassung und -verarbeitung eine Auswertung

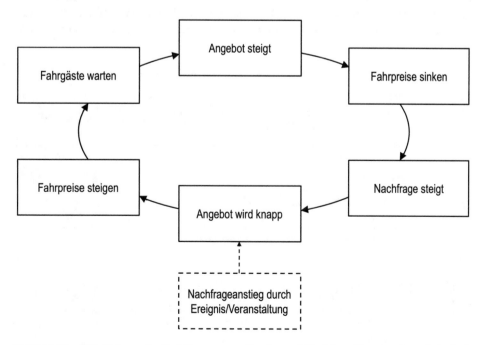

◻ **Abb. 4.10** Ablaufschema der Beeinflussung von Angebot und Nachfrage über eine dynamische Preisanpassung (verändert nach Freund und van Ryzin 2021: 5)

von Angebots- und Nachfragedaten in Echtzeit, deren Ergebnisse sich unmittelbar im Fahrpreis niederschlagen.

Kern des dynamischen Preismanagements ist der sogenannte *surge multiplier* – ein dynamisch, mittels Algorithmen berechneter Faktor, der mit einem Standardpreis multipliziert wird. Bei einem *surge multiplier* von 1 liegt der Standardpreis vor, liegt der Faktor über 1 ist die Fahrt entsprechend teuer, unter 1 entsprechend billiger. Der Faktor variiert nach Tageszeit, Wochentag und der Region. Auch größere Events wirken auf den *surge multiplier,* wie etwa Konzerte, Sportveranstaltungen oder Stadtteilfeste. ◼ Abb. 4.11 veranschaulicht, wie Nachfrage, Angebot und *surge multiplier* während eines symbolischen Wochenverlaufes zueinanderstehen. Dabei reagieren die Algorithmen nicht allein auf die unterschiedliche Nachfrage im Tages- oder Wochenverlauf, auch kurzfristige Nachfragespitzen – wie sie etwa am Ende einer Großveranstaltung vorliegen – führen zu Preisanpassungen.

Kunden und Nachfrage

Die Kunden von Ridehailing sind in der Regel eher jung, mit höherem Bildungsabschluss und der Mittelschicht zugehörig (Sikder 2019: 50; Young und Farber 2019: 384). Die Nutzungshäufigkeit steigt in Gebieten mit einer hohen Siedlungsdichte, also vor allem in Städten und Metropolen – wo ebenfalls ein höheres Angebot vorliegt. Es besteht ein Zusammenhang zwischen der Nutzung von Vermittlungsdienstleistungen und einer höheren Affinität zur mobilen Kommunikationstechnik sowie einer Einstellung gegenüber einer nachhaltigen Lebensweise (Alemi et al. 2018: 92). Diese Befunde beziehen sich zumeist auf westliche Industrieländer.

Um zu verstehen, welche Kundengruppe aus welchen Gründen die Dienstleistungen von Ridehailing-Unternehmen in Anspruch nimmt, ist es notwendig, zwischen Ländern mit einem relativ gut ausgebauten öffentlichen Verkehr und Ländern mit einer vergleichsweise schlechten Qualität des öffentlichen Verkehrs zu un-

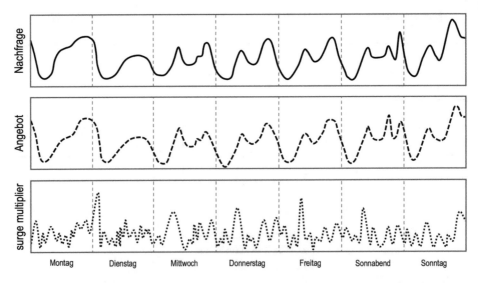

◼ **Abb. 4.11** Symbolische Entwicklung von Nachfrage, Angebote und surge multiplier im Wochenverlauf

terscheiden. In Ländern wie Brasilien, Indien und Teilen Chinas wird Ridehailing als sichere, zuverlässige und komfortable Alternative zum öffentlichen Nahverkehr gesehen. In diesen Ländern ist die Nutzung vor allem auf die geringe Attraktivität des öffentlichen Nahverkehrs zurückzuführen. Entsprechend setzt sich die Kundengruppe zusammen, hier sind es mehr Pendler und Personen im Alltag unterwegs, die Nutzendengruppe zieht sich durch alle Bevölkerungsschichten – also auch Geringverdienende.

Der Hauptanlass für die Nutzung in den westlichen Industrieländern liegt vor allem im Freizeitbereich. Ridehailing-Passagiere fahren zu Bars, Restaurants oder zu einer Party – auch Verabredungen mit Freunden oder Verwandten sind häufige Fahrtanlässe. An zweiter Stelle stehen Fahrten zur Arbeit oder Ausbildung. Danach folgen Einkaufen, Arztbesuche und sonstige Erledigungen.

Gründe einer Fahrt mittels Ridehailing

Fahrpreis, Reisezeit, ein einfacher und übersichtlicher Bezahlvorgang sowie geringe Wartezeit sind ausschlaggebend dafür, dass jemand eine Fahrt mittels Ridehailing wählt und nicht auf andere Verkehrsmittel zurückgreift (Tirachini 2020: 2019). Weitere Gründe liegen im Komfort, einer direkten Zielbeziehung und einem geringen Angebot des öffentlichen Nahverkehrs. Ein Motiv ist besonders für die Verkehrsplanung relevant: Manche Fahrgäste geben an, sie nutzen Ridehailing, weil sie von manchen Unannehmlichkeiten des Selbstfahrens entlastet werden, allen voran der Parkplatzsuche.

Verhältnis zu einem eigenen Pkw und zum Fahrzeugerwerb

Die Mehrzahl der Fahrgäste, die Ridehailing nutzen, verfügen über einen eigenen Pkw. Tang et al. (2020: 562) kommen in ihrer Untersuchung auf einen Anteil der Fahrgäste mit eigenem Pkw von mehr als 65 %. Diejenigen, die ein eigenes Auto besitzen, aber dennoch Ridehailing in Anspruch nehmen, tun dies vor allem aus Gründen der Bequemlichkeit, insbesondere um nicht nach einem Parkplatz suchen zu müssen, und um mögliche Einschränkungen oder Fahrtnebenkosten, wie Zufahrtsbeschränkungen, Straßennutzungsgebühren oder Parkgebühren, zu vermeiden. In Städten mit ausgeprägten Beschränkungen oder hohen Fahrtnebenkosten berichten Fahrgäste, dass sie einen eigenen Pkw abgeschafft haben, da sie die Fahrten mittels Ridehailing ersetzen konnten. Dabei handelt es sich allerdings überwiegend um Zweit- oder sogar Drittwagen. Das lässt den Schluss zu, dass das Ridehailing Angebot nicht zwingend dazu führt, dass die Fahrgäste vollständig auf einen eigenen Pkw verzichten.

Substitutionseffekte und induzierter Verkehr

Im Zusammenhang mit der Nutzung von Ridehailing-Dienstleistungen stellt sich der Verkehrsplanung die Fragen, welche anderen Verkehrsmittel durch den Service ersetzt werden, ob eine Verlagerung von anderen Verkehrsmitteln stattgefunden hat oder ob die Fahrt sogar erst durch die Verfügbarkeit des Services veranlasst wurde. Ein Umstieg von anderen Verkehrsmitteln wird als Substitution bezeichnet – als problematisch wird die Substitution von umweltfreundlicheren Verkehrsmitteln, wie dem öffentlichen Nahverkehr, Radfahren und Zufußgehen eratrachtet. Auch Fahrten, die erst durch Ridehailing hervorgerufen werden – der sogenannte induzierte

Verkehr – sind aus Perspektive einer nachhaltigen Mobilität unerwünscht. Einige Studien sind diesen Effekten nachgegangen (etwa Acheampong et al. 2020; Gehrke et al. 2019; Henao und Marshall 2019b; Ngo et al. 2021; Rayle et al. 2016), sie kommen zu einem ähnlichen Ergebnis: Der Großteil der Fahrten im Ridehailing wären mit dem Taxi, dem öffentlichen Nahverkehr oder dem eigenen Pkw durchgeführt worden. Die Anteile variieren je nach Region. In China, Chile und Brasilien ersetzt das Ridehailing-Angebot überwiegend Fahrten mittels Taxi und dem öffentlichen Nahverkehr – in den USA sind es primär Fahrten mit dem eigenen Pkw (Tirachini 2020: 2023). Aber auch innerhalb der Länder gibt es unterschiedliche Ergebnisse, wenn man einzelne Regionen oder Randbedingungen wie das Wetter betrachtet. Rayle et al. (2016: 175) kommen für die USA zu dem Ergebnis, dass die Ridehailing-Dienstleistungen in San Francisco dem Taxigewerbe und dem öffentlichen Verkehr zu einem großen Teil Fahrgäste entziehen. Bei schlechtem Wetter kann es vorkommen, dass eine Fahrt mit dem Ridehailing statt mit dem Fahrrad oder zu Fuß durchgeführt wird. Die Substitution von Fuß- und Radverkehr ist demnach stark von den Witterungsbedingungen abhängig (Gehrke et al. 2019: 443).

Auch hinsichtlich des induzierten Verkehrs kommen die Studien zu einem eindeutigen Ergebnis. Sie ermitteln einen Anteil von induzierten, neu generierten Fahrten zwischen 5 und 7 % (Tirachini 2020: 2023) – eine Untersuchung in Denver (USA) ermittelte sogar 12 % induzierter Fahrten (Henao und Marshall 2019b: 2189). Hochgerechnet ergibt sich ein erheblicher Anteil an Fahrten, die erst durch das Angebot induziert werden.

Situation und Bedingungen für Ridehailing in Deutschland

Im Vergleich zu anderen Ländern, vor allem in Asien und Nordamerika, ist der Personenverkehrsmarkt in der EU und insbesondere in Deutschland stark reguliert. Maßgeblich für die Regulierung ist in Deutschland das Personenbeförderungsgesetz (PBefG). Das PBefG enthält die Bedingungen und Verpflichtungen, denen ein Unternehmen unterliegt, das Personenbeförderungsleistungen gewerbsmäßig erbringt. Darunter fallen die Unternehmen des öffentlichen Nahverkehrs genauso wie das Taxigewerbe oder Chauffeurdienstleister.

Die Ursprünge des PBefG liegen in den 1960er-Jahren. Bei der Einführung diente es vor allem dazu, die Ordnung und Bereitstellung von Verkehrsdienstleistungen im Sinne der Daseinsvorsorge zu regulieren – also eine ausreichende Versorgung der Bevölkerung sicherzustellen. Trotz einer Reihe von Anpassungen hat sich das PBefG als äußerst reformfest erwiesen, eine substanzielle Novellierung blieb bislang aus. Der ursprüngliche Charakter des Gesetzes bleibt damit bis heute erhalten: Die Beschränkung des Marktes für gewerbliche Personenbeförderung zum Schutz des öffentlichen Verkehrs und des Taxigewerbes vor Konkurrenz (Ritzer-Angerer 2021b: 791). Durch einen hohen Grad an Regulierung, wie sie eben etwa zum Schutz des Taxigewerbes erforderlich ist, erschwert das Gesetz unternehmerische Ansätze in der gewerblichen Personenbeförderung. Auf digitalen Geschäftsmodellen basierende Mobilitätsdienstleistungen blieben lange Zeit im Gesetz unberücksichtigt. Allein eine sogenannte Experimentierklausel ermöglichte Ridepooling- und Ridehailing-Anbietern es ihre Leistungen anzubieten (PBefG § 2 Abs. 7 alte Fassung). Die Erprobung von neuen Mobilitätsdienstleistungen war auf vier Jahre begrenzt und nur genehmigungsfähig, wenn sie öffentlichen Verkehrsinteressen nicht entgegenstehen. Die Bedingungen für neue Mobilitätsdienstleistungen waren also denkbar ungünstig. Im Vergleich zu deutlich deregulierten Märkten wurde (und wird) der Ridehailing-Markt in Deutschland durch die Gesetzgebung gebremst. Das in anderen Märkten teilweise rasante Wachstum konnten die Anbieter in Deutschland nicht realisieren.

Erste substanzielle Bestrebungen den Verkehrsmarkt in Deutschland zu deregulieren ergaben sich aus dem Koalitionsvertrag der 19. Legislaturperiode von CDU, CSU und SPD (2017–2021). Die Koalitionsparteien vereinbarten unter anderem: „Wir werden das Personenbeförderungsgesetz mit Blick auf neue digitale Mobilitätsangebote modernisieren." (Bundesregierung 2018: 48). Daraufhin kam es zu einem Reformprozess des PBefG. Das Taxigewerbe sah seine Geschäftsgrundlage gefährdet und begleitete den Prozess mit massiven Protesten. Im Jahr 2021 trat ein reformiertes PBefG in Kraft, das als Kompromiss aus dem Gesetzgebungsprozess hervorgegangen ist (Ritzer-Angerer 2021b). Für Ridehailing-Anbieter ergeben sich seitdem folgende Regelungen:

- Die Vorschriften des PBefG gelten für Ridehailing-Unternehmen, die Fahrdienste vermitteln und nicht selbst Beförderer sind (PBefG § 1 Abs. 3). Das bedeutet, dass sie für die Erbringung der Leistung verantwortlich gemacht werden können und nicht nur als Vermittler zwischen Fahrgast und Beförderer angesehen werden.
- Die Kommunen können zur Wahrung der öffentlichen Verkehrsinteressen tarifrechtliche Vorschriften erlassen; dies betrifft insbesondere die Festsetzung von Mindestbeförderungsentgelten (PBefG § 51a Abs. 1).
- Unter bestimmten Voraussetzungen können die Kommunen weitere Vorschriften erlassen, etwa die Beförderung von Personen zeitlich und räumlich beschränken oder Sozialstandards vorschreiben (PBefG § 49 Abs. 4).
- Nur Taxis dürfen während der Fahrt Beförderungsaufträge annehmen – im Gegensatz zu Ridehailing-Unternehmen haben sie damit das Privileg, unterwegs Fahrgäste aufzunehmen (PBefG § 47 Abs. 1).
- Darüber hinaus besteht eine Rückkehrpflicht für Ridehailing-Anbieter. Sofern kein neuer Auftrag vorliegt, muss das Fahrzeug nach Ausführung des Beförderungsauftrags unverzüglich zum Betriebssitz zurückkehren (PBefG § 49 Abs. 4).

Insbesondere die im letzten Punkt angesprochene Rückkehrpflicht, die das Taxigewerbe durchsetzte, steht im Mittelpunkt der Kritik aus den Reihen der Ridehailing-Unternehmen. Auch die Vertreter, die sich eine weitreichendere Reform gewünscht haben, sehen in der Rückkehrpflicht eine unangemessen hohe Markteintrittsbarriere. Die damit verbundenen Wettbewerbsvorteile des Taxigewerbes, so deren Argumentation, würden zu einer Marktverzerrung auf Kosten der Fahrgäste führen. Insgesamt, so die Kritik weiter, werde das PBefG den Potenzialen der Digitalisierung im gewerblichen Personenverkehr kaum gerecht und hemme Entwicklungen (Ritzer-Angerer 2021a: 54). Aus Sicht der Gewerkschaften wiederum schützt das Gesetz die Rechte der Fahrerinnen und Fahrer nur unzureichend. Auch wenn die Kommunen unter bestimmten Bedingungen eigene Mindestvorgaben für Sozialstandards erlassen können, sei die Gefahr von Sozialdumping bei neuen Mobilitätsdienstleistungen noch nicht abgewehrt (siehe etwa Vereinte Dienstleistungsgewerkschaft 2021). Insgesamt wird erwartet, dass aufgrund der technischen Entwicklungen und den damit ermöglichten Geschäftsmodellen, aber auch zur Stabilisierung von Sozialstandards, in absehbarer Zeit eine Novellierung des PBefG erforderlich wird.

Ridehailing in der Kritik

Ridehailing-Plattformen und die von ihnen angebotenen Dienstleistungen sind nicht frei von Auswirkungen auf die Arbeitsbedingungen der Fahrerinnen und Fahrer und auf die Verkehrsentwicklung in der Stadt. Als Argument für den Nutzen der Dienstleistung wird von den Betreibern immer wieder angeführt, dass Ridehailing zur Verkehrsvermeidung im motorisierten Individualverkehr beiträgt und damit eine oftmals überlastete Straßeninfrastruktur entlaste. Die Frage, ob es einen Entlastungseffekt gibt und wie stark dieser ausfällt, ist noch nicht geklärt. Diese Behauptung der Betreiber trifft daher auf einige Gegenstimmen: Eine bessere Auslastung des Verkehrs durch die Nutzung von Ridehailing würde nicht zu einer Entlastung der Straßen führen. Im Gegenteil, indem die Systeme die Attraktivität des motorisierten Verkehrs fördern, führen sie zu noch mehr Verkehr. Die Vorteile der Chauffeurdienste für die einzelnen Kundinnen und Kunden – direkte Start-Ziel-Beförderung, individuelle Beförderung – bei gleichzeitig moderaten Preisen führen dazu, dass ein Teil der Fahrgäste vom öffentlichen Verkehr, Fuß- und Radverkehr auf Ridehailing umsteigen (vgl. Acheampong et al. 2020; Tirachini 2020: 2023). Ein Prozess, der aus Sicht einer nachhaltigeren Mobilitätsgestaltung unerwünscht ist.

Die im Vergleich zum Taxigewerbe teilweise deutlich günstigeren Beförderungsentgelte resultieren zu einem erheblichen Teil aus prekären Arbeitsbedingungen derjenigen, die die Fahrten durchführen. Sie agieren in der Regel als selbständige Unterauftragnehmer – das bedeutet, sie tragen das volle unternehmerische Risiko (wie Reparatur der Fahrzeuge, Lohnausfall bei Krankheit, Nachfrageschwankungen) (Henao und Marshall 2019a). Die Plattformanbieter umgehen wiederum Materialkosten, Tariflöhne und Kosten für Sozialleistungen. Bisweilen erscheint es, als ob in den digitalisierten Prozessen und der Skalierbarkeit des Systems die prekären Arbeitsbedingungen im Erlösmodell einkalkuliert sind. Die Ridehailing-Plattformen begegnen der Kritik an den Arbeitsbedingungen zum einen damit, dass sie als Technologieunternehmen lediglich die Dienstleistung vermitteln – sie weisen also die Verantwortung von sich. Zum anderen verweisen sie darauf, dass sie neue Arbeitsmöglichkeiten schaffen und Menschen eine Gelegenheit für einen Zuverdienst erhalten, der es ihnen erlaubt ihre Lebenshaltungskosten zu decken.

Weitere Kritik an den Plattformen bezieht sich auf einen problematischen Umgang mit den Daten, die die Unternehmen sammeln, auswerten und weiterverwenden. Dies betrifft nicht nur die Daten der Fahrgäste, deren Bestellverhalten oder Bewegungsprofile, sondern auch die der Fahrerinnen und Fahrer. Algorithmen werten aus, wie schnell sie Fahrtwünsche annehmen, die gefahrenen Geschwindigkeiten oder die Anzahl von abgewickelten Aufträgen – so werden detaillierte Fahrerprofile erstellt, deren Nutzen über die reibungslose Abwicklung der Fahrtdienstvermittlung hinausgeht und deren Verwendung zumindest fragwürdig erscheint (vgl. Chan und Kwok 2022).

Literatur

Acheampong, Ransford A/Siiba, Alhassan/Okyere, Dennis K./Tuffour, Justice P. (2020): Mobility-on-Demand: An Empirical Study of Internet-Based Ride-Hailing Adoption Factors, Travel Characteristics and Mode Substitution Effects. In: Transportation Research Part C 115, S. 102638. ► https://doi.org/10.1016/j.trc.2020.102638.

Alemi, Farzad/Circella, Giovanni/Handy, Susan/Mokhtarian, Patricia (2018): What Influences Travelers to Use Uber? Exploring the Factors Affecting the Adoption of on-Demand Ride Services in California. In: Travel Behaviour and Society 13, S. 88–104. ► https://doi.org/10.1016/j.tbs.2018.06.002.

Andreassen, Tor Wallin/Lervik-Olsen, Line/Snyder, Hannah/Van Riel, Allard C.R./Sweeney, Jillian C./Van Vaerenbergh, Yves (2018): Business Model Innovation and Value-Creation: The Triadic Way. In: Journal of Service Management 29(5), S. 883–906. ► https://doi.org/10.1108/JOSM-05-2018-0125.

Audouin, Maxime/Finger, Matthias (2018): The Development of Mobility-as-a-Service in the Helsinki Metropolitan Area: A Multi-Level Governance Analysis. In: Research in Transportation Business & Management 27, S. 24–35. ► https://doi.org/10.1016/j.rtbm.2018.09.001.

Becker, Henrik/Balac, Milos/Ciari, Francesco/Axhausen, Kay W. (2020): Assessing the Welfare Impacts of Shared Mobility and Mobility as a Service (MaaS). In: Transportation Research Part A: Policy and Practice 131, S. 228–243. ► https://doi.org/10.1016/j.tra.2019.09.027.

Bundesregierung (Hrg.) (2018): Ein neuer Aufbruch für Europa, eine neue Dynamik für Deutschland, ein neuer Zusammenhalt für unser Land - Koalitionsvertrag zwischen CDU, CSU und SPD 19. Legislaturperiode. Berlin.

Chan, Ngai Keung/Kwok, Chi (2022): The Politics of Platform Power in Surveillance Capitalism: A Comparative Case Study of Ride-Hailing Platforms in China and the United States. In: Global Media and China 7(2), S. 131–150. ► https://doi.org/10.1177/20594364211046769.

Cottrill, Caitlin D. (2020): MaaS Surveillance: Privacy Considerations in Mobility as a Service. In: Transportation Research Part A: Policy and Practice 131, S. 50–57. ► https://doi.org/10.1016/j.tra.2019.09.026.

Culpepper, Pepper D./Thelen, Kathleen (2020): Are We All Amazon Primed? Consumers and the Politics of Platform Power. In: Comparative Political Studies 53(2), S. 288–318. ► https://doi.org/10.1177/0010414019852687.

Dörre, Klaus (2021): Nachhaltigkeit durch Sozialismus - Kompass für eine klimagerechte Gesellschaft. In: Franzini, Luzian/Herzog, Roland/Rutz, Simon/Ryser, Franziska/Ziltener, Kathrin/Zwicky, Pascal (Hrg.): Postwachstum? Aktuelle Auseinandersetzungen um einen grundlegenden gesellschaftlichen Wandel. Zürich: edition 8. S. 61–72. (= Jahrbuch/Denknetz 2021).

Freund, Daniel/van Ryzin, Garrett (2021): Pricing Fast and Slow: Limitations of Dynamic Pricing Mechanisms in Ride-Hailing. In: SSRN Electronic Journal. ► https://doi.org/10.2139/ssrn.3931844.

Gehrke, Steven R./Felix, Alison/Reardon, Timothy G. (2019): Substitution of Ride-Hailing Services for More Sustainable Travel Options in the Greater Boston Region. In: Transportation Research Record: Journal of the Transportation Research Board 2673(1), S. 438–446. ► https://doi.org/10.1177/0361198118821903.

Henao, Alejandro/Marshall, Wesley E. (2019a): An Analysis of the Individual Economics of Ride-Hailing Drivers. In: Transportation Research Part A: Policy and Practice 130, S. 440–451. ► https://doi.org/10.1016/j.tra.2019.09.056.

Henao, Alejandro/Marshall, Wesley E. (2019b): The Impact of Ride-Hailing on Vehicle Miles Traveled. In: Transportation 46(6), S. 2173–2194. ► https://doi.org/10.1007/s11116-018-9923-2.

Hensher, David A./Ho, Chinh Q./Mulley, Corinne/Nelson, John D./Smith, Göran/Wong, Yale Z. (2020): Understanding Mobility as a Service (MaaS): Past, Present and Future. Amsterdam, Cambridge, Oxford: Elsevier.

Hensher, David A./Mulley, Corinne (2021): Mobility Bundling and Cultural Tribalism - Might Passenger Mobility Plans through MaaS Remain Niche or Are They Truly Scalable? In: Transport Policy 100, S. 172–175. ► https://doi.org/10.1016/j.tranpol.2020.11.003.

Ho, Chinh Q./Hensher, David A./Mulley, Corinne/Wong, Yale Z. (2018): Potential Uptake and Willingness-to-Pay for Mobility as a Service (MaaS): A Stated Choice Study. In: Transportation Research Part A: Policy and Practice 117, S. 302–318. ► https://doi.org/10.1016/j.tra.2018.08.025.

Ho, Chinh Q./Hensher, David A./Reck, Daniel J./Lorimer, Sam/Lu, Ivy (2021): MaaS Bundle Design and Implementation: Lessons from the Sydney MaaS Trial. In: Transportation Research Part A: Policy and Practice 149, S. 339–376. ► https://doi.org/10.1016/j.tra.2021.05.010.

4

Ho, Chinh Q./Mulley, Corinne/Hensher, David A. (2020): Public Preferences for Mobility as a Service: Insights from Stated Preference Surveys. In: Transportation Research Part A: Policy and Practice 131, S. 70–90. ▸ https://doi.org/10.1016/j.tra.2019.09.031.

Jullien, Bruno/Sand-Zantman, Wilfried (2021): The Economics of Platforms: A Theory Guide for Competition Policy. In: Information Economics and Policy 54, S. 100880. ▸ https://doi.org/10.1016/j.infoecopol.2020.100880.

Karlsson, I.C. MariAnne (2020): Mobility-as-a-Service: Tentative on Users, Use and Effects. In: Krömker, Heidi (Hrg.): HCI in Mobility, Transport, and Automotive Systems. Driving Behavior, Urban and Smart Mobility. Cham: Springer International Publishing. S. 228–237. (= Lecture Notes in Computer Science) ▸ https://doi.org/10.1007/978-3-030-50537-0.

Karlsson, I.C. MariAnne/Mukhtar-Landgren, D./Smith, G./Koglin, T./Kronsell, A./Lund, E. et al. (2020): Development and Implementation of Mobility-as-a-Service – A Qualitative Study of Barriers and Enabling Factors. In: Transportation Research Part A: Policy and Practice 131, S. 283–295. ▸ https://doi.org/10.1016/j.tra.2019.09.028.

Kollmann, Tobias (2020): Grundlagen der Informationsökonomie und der elektronischen Wertschöpfung. In: Kollmann, Tobias (Hrg.): Handbuch Digitale Wirtschaft. Wiesbaden: Springer Fachmedien Wiesbaden. S. 53–62. ▸ https://doi.org/10.1007/978-3-658-17291-6_3.

Kucharski, Rafał/Fielbaum, Andres/Alonso-Mora, Javier/Cats, Oded (2021): If You Are Late, Everyone Is Late: Late Passenger Arrival and Ride-Pooling Systems' Performance. In: Transportmetrica A: Transport Science 17(4), S. 1077–1100. ▸ https://doi.org/10.1080/23249935.2020.1829170.

Kumar, V./Lahiri, Avishek/Dogan, Orhan Bahadir (2018): A Strategic Framework for a Profitable Business Model in the Sharing Economy. In: Industrial Marketing Management 69, S. 147–160. ▸ https://doi.org/10.1016/j.indmarman.2017.08.021.

Liimatainen, Heikki/Mladenović, Miloš N. (2018): Understanding the Complexity of Mobility as a Service. In: Research in Transportation Business & Management 27, S. 1–2. ▸ https://doi.org/10.1016/j.rtbm.2018.12.004.

Lyons, Glenn/Hammond, Paul/Mackay, Kate (2019): The Importance of User Perspective in the Evolution of MaaS. In: Transportation Research Part A: Policy and Practice 121, S. 22–36. ▸ https://doi.org/10.1016/j.tra.2018.12.010.

MaaS Global (Hrg.) (2022): MaaS Global - History of the company that startet a revolution in the mobility   industry.   ▸ https://whimapp.com/wp-content/uploads/2022/05/MGhistory-short-version-04052022.pdf.

Macedo, Eloísa/Teixeira, João/Gather, Matthias/Hille, Claudia/Will, Marie-Luise/Fischer, Niklas/Bandeira, Jorge M. (2022): Exploring Relevant Factors behind a MaaS Scheme. In: Transportation Research Procedia 62, S. 607–614. ▸ https://doi.org/10.1016/j.trpro.2022.02.075.

Matowicki, Michal/Amorim, Marco/Kern, Mira/Pecherkova, Pavla/Motzer, Nicolaj/Pribyl, Ondrej (2022): Understanding the Potential of MaaS – An European Survey on Attitudes. In: Travel Behaviour and Society 27, S. 204–215. ▸ https://doi.org/10.1016/j.tbs.2022.01.009.

Matyas, Melinda/Kamargianni, Maria (2019): The Potential of Mobility as a Service Bundles as a Mobility Management Tool. In: Transportation 46(5), S. 1951–1968. ▸ https://doi.org/10.1007/s11116-018-9913-4.

Mukhtar-Landgren, Dalia/Smith, Göran (2019): Perceived Action Spaces for Public Actors in the Development of Mobility as a Service. In: European Transport Research Review 11(1), S. 32. ▸ https://doi.org/10.1186/s12544-019-0363-7.

Ngo, Nicole S./Götschi, Thomas/Clark, Benjamin Y. (2021): The Effects of Ride-Hailing Services on Bus Ridership in a Medium-Sized Urban Area Using Micro-Level Data: Evidence from the Lane Transit District. In: Transport Policy 105, S. 44–53. ▸ https://doi.org/10.1016/j.tranpol.2021.02.012.

Pace, Jonathan (2018): The Concept of Digital Capitalism. In: Communication Theory 28(3), S. 254–269. ▸ https://doi.org/10.1093/ct/qtx009.

Rayle, Lisa/Dai, Danielle/Chan, Nelson/Cervero, Robert/Shaheen, Susan (2016): Just a Better Taxi? A Survey-Based Comparison of Taxis, Transit, and Ridesourcing Services in San Francisco. In: Transport Policy 45, S. 168–178. ▸ https://doi.org/10.1016/j.tranpol.2015.10.004.

Ritzer-Angerer, Petra (2021a): Digitalisierung des Personennahverkehrs – Das neue Personenbeförderungsgesetz. In: ifo Schnelldienst 74(9), S. 53–55.

Ritzer-Angerer, Petra (2021b): Sharing Economy trifft ÖPNV — das neue Personenbeförderungsgesetz. In: Wirtschaftsdienst 101(10), S. 789–794. ▸ https://doi.org/10.1007/s10273-021-3025-z.

Saxena, Deepak/Muzellec, Laurent/Trabucchi, Daniel (2020): BlaBlaCar: Value Creation on a Digital Platform. In: Journal of Information Technology Teaching Cases 10(2), S. 119–126. ▶ https://doi.org/10.1177/2043886919885940.

Schweitzer, Sascha/Brendel, Jan (2018): The Segmented Introduction of Transaction Fees in the German Ridesharing Market. In.: ACIS 2018 Proceedings 54. ▶ https://aisel.aisnet.org/pacis2018/54.

Shaheen, Susan (2018): Shared Mobility: The Potential of Ridehailing and Pooling. In: Sperling, Daniel (Hrg.): Three Revolutions. Washington, DC: Island Press/Center for Resource Economics. S. 55–76. ▶ https://doi.org/10.5822/978-1-61091-906-7_3.

Sikder, Sujan (2019): Who Uses Ride-Hailing Services in the United States? In: Transportation Research Record: Journal of the Transportation Research Board 2673(12), S. 40–54. ▶ https://doi.org/10.1177/0361198119859302.

Sochor, Jana/Arby, Hans/Karlsson, I.C. MariAnne/Sarasini, Steven (2018): A Topological Approach to Mobility as a Service: A Proposed Tool for Understanding Requirements and Effects, and for Aiding the Integration of Societal Goals. In: Research in Transportation Business & Management 27, S. 3–14. ▶ https://doi.org/10.1016/j.rtbm.2018.12.003.

Srnicek, Nick (2018): Plattform-Kapitalismus. Hamburg: Hamburger Edition.

Storme, Tom/De Vos, Jonas/De Paepe, Leen/Witlox, Frank (2020): Limitations to the Car-Substitution Effect of MaaS. Findings from a Belgian Pilot Study. In: Transportation Research Part A: Policy and Practice 131, S. 196–205. ▶ https://doi.org/10.1016/j.tra.2019.09.032.

Stremersch, Stefan/Tellis, Gerard J. (2002): Strategic Bundling of Products and Prices: A New Synthesis for Marketing. In: Journal of Marketing 66(1), S. 55–72. ▶ https://doi.org/10.1509/jmkg.66.1.55.18455.

Tang, Bao-Jun/Li, Xiao-Yi/Yu, Biying/Wei, Yi-Ming (2020): How App-Based Ride-Hailing Services Influence Travel Behavior: An Empirical Study from China. In: International Journal of Sustainable Transportation 14(7), S. 554–568. ▶ https://doi.org/10.1080/15568318.2019.1584932.

Tirachini, Alejandro (2020): Ride-Hailing, Travel Behaviour and Sustainable Mobility: An International Review. In: Transportation 47(4), S. 2011–2047. ▶ https://doi.org/10.1007/s11116-019-10070-2.

United States Securities and Exchange Commision (2019): Amendment No. 1 to Forms S-1 Reistration Statement unter the Securities Act of 1933 – UBER TECHNOLOGIES, INC., Registration No. 333–230812.

Vereinte Dienstleistungsgewerkschaft (Hrg.) (2021): Personenbeförderungsgesetz: Einführung von Sozialstandards positiv. ▶ https://verkehr.verdi.de/++file++6079a3369f92aa0250c4d74b/download/2021_03_05_Personenbeförderungsgesetz.pdf (4.5.2022).

Wirtz, Jochen/Tang, Christopher (2016): Uber: Competing as Market Leader in the US versus Being a Distant Second in China. In: Wirtz, Jochen/Lovelock, Christopher (Hrg.): Services Marketing. 8. Auflage. World Scientific. S. 626–632. ▶ https://doi.org/10.1142/9781944659028_0019.

Wong, Yale Z./Hensher, David A./Mulley, Corinne (2020): Mobility as a Service (MaaS): Charting a Future Context. In: Transportation Research Part A: Policy and Practice 131, S. 5–19. ▶ https://doi.org/10.1016/j.tra.2019.09.030.

Young, Mischa/Farber, Steven (2019): The Who, Why, and When of Uber and Other Ride-Hailing Trips: An Examination of a Large Sample Household Travel Survey. In: Transportation Research Part A: Policy and Practice 119, S. 383–392. ▶ https://doi.org/10.1016/j.tra.2018.11.018.

Sharing-Economy – Teilen statt Besitzen

Inhaltsverzeichnis

Die *Sharing Economy* beschreibt einen wirtschaftlichen Trend, bei dem das Teilen von Gütern, Ressourcen und Dienstleistungen im Vordergrund steht. Statt des Besitzes eines Konsumgutes rückt dabei dessen gemeinschaftliche Nutzung in den Fokus. Im Bereich der Mobilität wird dieses Konzept als *Shared Mobility* bezeichnet. Hierbei geht es um die gemeinschaftliche Nutzung von Fortbewegungsmitteln wie Autos, Fahrrädern und E-Scootern sowie verschiedenen Mobilitätsdienstleistungen.

Der *Shared Mobility* werden einige Vorteile zugeschrieben: Das Teilen ist oft preiswerter als Kauf und Unterhalt eines eigenen Fahrzeugs, es reduziert den Platzbedarf für Parkplätze und fördert eine nachhaltige Mobilität. Gleichzeitig sind die Angebote flexibel und ermöglichen es den Kunden, je nach Bedarf und Situation das für sie geeignetste Verkehrsmittel auszuwählen. Die *Shared Mobility* hat in den vergangenen Jahren stark an Bedeutung gewonnen und sich zu einem eigenen Wirtschaftssektor weiterentwickelt.

Die folgenden Ausführungen zu *Shared Mobility* beziehen sich auf das Teilen von Fahrzeugen (*geteilte Verkehrsmittel*). Die Vermittlung von privaten Fahrten (geteilte Fortbewegungsmöglichkeiten) kann zwar auch als ein Teilbereich der *Shared Mobility* betrachtet werden, wird aber bereits im Themenfeld der Plattform-Ökosysteme behandelt (▶ Kap. 4) und bleiben daher hier unberücksichtigt. Insofern ist die an dieser Stelle vorgenommene Einteilung der *Shared Mobility* nicht als trennscharf zu verstehen.

> Definition: *Geteilte Verkehrsmittel* werden auf Grundlage einer Teilnahme- oder Nutzungsvereinbarung gemeinsam mit anderen Personen oder nacheinander vorübergehend genutzt. In der Regel bieten kommerzielle Unternehmen *geteilte Verkehrsmittel* als eine Dienstleistung an und stellen verschiedene Arten von Fahrzeugen (Pkw, Fahrräder, E-Scooter) im öffentlichen Raum frei zugänglich bereit (Rube et al. 2020: 10).

Ein wesentlicher Treiber für die gemeinschaftliche Nutzung von Gütern, auch kollektiver Konsum genannt, ist aus Konsumentensicht der Wunsch, den eigenen Lebensstil möglichst nachhaltig zu gestalten (Heimel und Krams 2021: 65). Die zunehmende Bereitschaft, den eigenen Ressourcenverbrauch zu reduzieren, begünstigt ein Modell der Fortbewegung, das stärker auf den *Zugang* zu Verkehrsmitteln als auf deren *Besitz* ausgerichtet ist

5.1 Grundlagen der Sharing-Economy

Die *Sharing-Economy* versteht sich als eine Wirtschaftsform, die auf Netzwerken von Individuen, Gemeinschaften und Unternehmen aufbaut (Loske 2019: 64). Ihre Grundlage unterscheidet sich von der traditionellen konsumorientierten Wirtschaft: Die *Sharing-Economy* basiert nicht auf dem Konsum und Erwerb von Produkten im Individualbesitz, sondern stellt deren gemeinschaftliche Nutzung innerhalb eines Netzwerkes in das Zentrum.

Eine kollektive Nutzung von teuren oder aufwendig zu unterhaltenen Gebrauchsgegenständen ist tief verwurzelt in der Menschheitsgeschichte (vgl. Weiber und Lichter 2020: 790). Frühe Gesellschaften waren darauf angewiesen, ihre Ressourcen zu bündeln und gemeinsam zu nutzen. Im Ackerbau des Mittelalters, um ein Beispiel zu nennen, benötigten die Menschen zum Pflügen schwerer Böden ein Gespann mit acht Ochsen. Selbst wohlhabende Höfe verfügten gerade einmal über zwei Ochsen. Die Dorfgemeinschaft stellte also ein gemeinsames Gespann zusammen, das reihum auf allen Feldern eingesetzt wurde (Moore 1961). Die Konsumlogik der kapitalistischen Wirtschaftsordnung der Neuzeit hat das Gemeingut weitgehend aus unserem Alltag gedrängt – selbst Gegenstände mit hohen Anschaffungs- und Unterhaltskosten sind betroffen. Heute liegt das grundlegende Prinzip bei der Massenproduktion von Gütern für den Individualkonsum.

Seit einiger Zeit, verstärkt seit den 2010er-Jahren, erleben wir einen verhaltenen Wandel: Zwangen knappe individuelle Ressourcen frühe Gesellschaften zu einer gemeinsamen Nutzung von Werkzeugen und Gebrauchsgegenständen, finden aufgrund der Erkenntnis der Endlichkeit von Rohstoffen heute Menschen zu einer geteilten Nutzung zurück.

Drei Entwicklungen berücksichtigen den Wandel: Erstens eine Rückbesinnung auf Gemeingüter, die aus ökologischen Gesichtspunkten gemeinsam genutzt werden, zweitens das Aufkommen digitaler sozialer Netze als neue Bindeglieder der Gesellschaft und drittens eine Diversifizierung der Wirtschaftssysteme, die das Entstehen neuer Märkte begünstigt (Schor und Vallas 2021: 372).

Für den Begriff der *Sharing Economy* gibt es eine Reihe von Definitionen, die sich mehr oder weniger auf Teilaspekte ihrer Marktprozesse beziehen (vgl. Curtis und Lehner 2019: 571). Allen Definitionen gemeinsam ist die Bezugnahme auf ein sozioökonomisches System des Austauschs von Gütern oder Dienstleistungen zwischen Individuen oder Organisationen zur gemeinsamen Nutzung. Eine umfassende Definition findet sich bei Weiber und Lichter (sie verwenden statt *Sharing-Economy* den Begriff Share Economy):

Definition: „Share Economy bezeichnet die Zurverfügungstellung von Ressourcen und das Teilen dieser Ressourcen via Online-Plattformen. Die bereitgestellten Ressourcen werden von Dritten (Privatpersonen oder Unternehmen) für eine begrenzte Zeitspanne gegen Entgelt oder im Tausch gegen andere Ressourcen genutzt. Dadurch entsteht ein gemeinsamer Konsum der Ressourcen durch Bereitsteller und Fremdnutzer (Dritte)." (Weiber und Lichter 2020: 798)

Die Ursprünge der *Sharing-Economy* liegen in den Umweltbewegungen der 1980er-Jahre und davor. Als Baustein einer nachhaltigen Lebensweise besann man sich auf einen gemeinsamen Gebrauch von Alltagsgegenständen im Rahmen der Nachbarschaftshilfe. Das Motiv der Nachhaltigkeit findet sich in den neueren digital getriebenen Geschäftsmodellen der *Sharing-Economy* wieder. Allerdings bleibt weitgehend unklar, welchen Beitrag vorrangig die expansiven Plattformbetreiber zu einem nachhaltigen Konsum leisten (wie Unterkunftsvermittler, E-Scooter Sharing oder

5

freefloating Carsharing). Auch der Gedanke der sozialen Vernetzung mittels digitaler Netzwerke (als Ersatz physischer Nachbarschaft) ist ein kennzeichnendes Element der *Sharing-Economy* (Curtis und Lehner 2019: 575).

5.1.1 Prinzip

Das Prinzip der *Sharing-Economy* beruht auf einem veränderten Verständnis zwischen den Menschen und der Art und Weise, wie sie die Gegenstände ihres Alltages nutzen. Einmal mehr vereinfacht das Internet die Vermittlung zwischen Produkten, Kunden und Anbietern (Weiber und Lichter 2020: 793). In Abgrenzung zum exklusiven Besitz besteht die Basis der *Sharing-Economy* im Teilen, Leihen, Weitergeben und Wiederverwenden von Gütern des Alltagsbedarfs. Das Prinzip der *Sharing-Economy* lässt sich auf eine Formel reduzieren: *Nutzen statt Besitzen*.

Eine der Eigenschaften der *Sharing-Economy* definiert sich über die Organisation des Zuganges zu den Produkten. Im Gegensatz zum Erwerb und Besitz, und damit dem ubiquitären Zugang zum Produkt, bedarf es ausgewogener Prozesse zur Abwicklung der Leihe und möglicher Transaktionen. *Zugang* ist in den Prinzipien so zentral angelegt, dass manche Autorinnen und Autoren bereits von einer Access-Gesellschaft sprechen. Den Begriff des Access (oder eben Zugang oder Zugriff) prägte in diesen Zusammenhängen zuerst Rifkin (2001). Er umschreibt damit die Sicherstellung eines flexiblen Zuganges zu teilbaren Alltagsgegenständen dem Bedarf der Nutzenden entsprechend.

Neben dem Zugang zu den Gegenständen setzt die *Sharing-Economy* das Vorhandensein von eben jenen teilbaren Gütern voraus. Benkler (2004: 297) definiert teilbare Güter als Gegenstände in individuellem Besitz, die über eine sogenannte Zugangskapazität verfügen und zur gemeinsamen Nutzung bereitstehen. Als Beispiele für teilbare Güter nennt Benkler unter anderem Bücher, Rechnerkapazitäten und eben auch Automobile.

Zusammenfassend lässt sich das Prinzip der *Sharing-Economy* mittels dreier Charaktermerkmale beschreiben (Bergh et al. 2021: 15): erstens die dezentrale Bereitstellung von teilbaren Gegenständen, zweitens der Ad-hoc-Zugang zu diesen Gegenständen sowie drittens Transaktionen auch von Kleinbeträgen (Mikrotransaktionen) zwischen Anbieterseite und Nachfrageseite (vgl. ◻ Abb. 5.1).

5.1.2 Shared Mobility

In unserer Gesellschaft ist die individuelle Fortbewegung stark auf Fahrzeuge ausgerichtet, die sowohl in der Anschaffung als auch im Unterhalt hohe Kosten verursachen und überdies die Umwelt belasten. Daher ist die gemeinschaftliche Nutzung von Autos eines der frühen Anwendungsfelder innerhalb der *Sharing-Economy*. Mittlerweile haben sich die Angebote der geteilten Nutzung im Umfeld der individuellen Fortbewegung diversifiziert, sodass man inzwischen von *Shared Mobility* als ein Sektor der *Sharing-Economy* spricht.

Shared Mobility versteht sich als die gemeinschaftliche Nutzung von Fortbewegungsmitteln oder -möglichkeiten. Machado et al. (2018) beschreiben *Shared Mobility* als eine Alternative zur Organisation individueller Mobilität, die darauf

○ Abb. 5.1 Charaktermerkmale der Sharing-Economy (Bergh et al. 2021: 15)

abzielt, den Einsatz von Ressourcen zu maximieren, indem die Nutzung der Fortbewegungsmittel von deren Eigentum abgekoppelt wird. Insofern besteht *Shared Mobility* in einem an den Bedürfnissen der Menschen orientierten kurzfristigen Zugang zu gemeinsam genutzten Fortbewegungsmitteln. Gemäß dem Prinzip der *Sharing-Economy* zeichnet sich *Shared Mobility* durch die gemeinschaftliche Nutzung von Gebrauchsgegenständen aus und bezieht sich konkret auf den Zugang zu Fahrzeugen als Ersatz für deren Besitz (Machado et al. 2018; Susan et al. 2015). Die Vermittlung dieser Dienstleistung erfolgt heute fast ausschließlich über digitale Anwendungen. In diesem Sinne kann *Shared Mobility* wie folgt definiert werden:

> Definition: *Shared Mobility* ist die gemeinschaftliche Nutzung eines Verkehrsmittels, die es den Nutzenden ermöglicht, kurzfristig und nach individuellem Mobilitätsbedarf auf einen Pkw, ein Fahrrad oder ein anderes Fortbewegungsmittel zuzugreifen (vgl. Lukasiewicz et al. 2022: 90).

Die Definition verdeutlich, dass es sich bei *Shared Mobility* um einen Sammelbegriff handelt, der mehrere Formen der geteilten Nutzung im Bereich der Fortbewegung einschließt. Standing et al. (2019: 230) fassen die verschiedenen Formen zu fünf Kategorien zusammen:

1. Verleih oder Kurzzeitmiete eines Fahrzeuges (car-/bike-/e-scooter-Sharing)
2. Mitgliedschaft in einem Verbund (Car-Sharing)
3. Abonnement einer Dienstleistung (car-/bike-/e-scooter-Sharing)
4. die Inanspruchnahme einer Fahrdienstleistung (ride-sharing)
5. private Fahrgemeinschaften (ride-sharing)

Die Aufzählung schließt in Punkt vier und fünf die von Plattformen betriebene Vermittlung von Fahrten mit ein. Häufig wird die kommerzielle Fahrdienstvermittlung als Teilbereich in die Klassifikation der *Shared Mobility* aufgenommen (○ Abb. 5.2). Es kann allerdings argumentiert werden, dass sich zumindest Ridehailing-Dienste so weit vom Gedanken der gemeinsamen Nutzung von Ressourcen und damit der Nachhaltigkeit entfernt haben, dass eine Zuordnung zur *Shared*

5

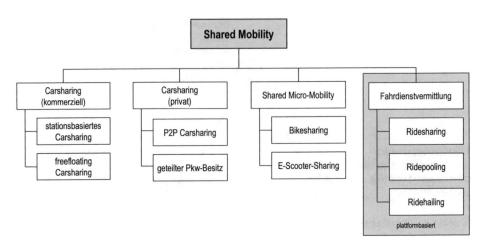

◘ **Abb. 5.2**   Klassifikation von Angeboten der Shared Mobility (verändert nach Machado et al. 2018: 6)

Mobility nur noch bedingt möglich ist. Die Vermittlung privater Fahrten (Ridesharing) ist hingegen ein Teilbereich der *Shared Mobility*. Insofern ist die hier angebotene Klassifizierung nicht als trennscharf zu verstehen. Die weiteren Ausführungen zu *Shared Mobility* beschränken sich auf das Teilen von Fahrzeugen.

Bedeutung für den Stadtverkehr

Obwohl *Shared Mobility* als Faktor für ein nachhaltiges Verkehrssystem erkannt wurde, stößt es in den Kommunen nur auf zögerliche Resonanz. *Shared Mobility* hat das Potenzial, die Anzahl von Pkw im Privatbesitz zu reduzieren. Die tatsächliche Wirkung ist dabei allerdings noch weitgehend ungeklärt.

Was die Förderung der *Shared Mobility* anbelangt, übernehmen die Kommunen eine eher passive Rolle. Sie überlassen den Markt weitgehend sich selbst. Eine Transformation hinsichtlich des bestehenden am Pkw ausgerichteten städtischen Verkehrssystems hin zu einem an den Prinzipien der Nachhaltigkeit orientierten Mobilitätssystem, in dem Sharing eine tragende Rolle spielt, findet seitens der Kommunen nicht statt. Das könnte einer der Gründe sein, warum Konzepte der *Shared Mobility,* die auf das Teilen von Fahrzeugen zielt, sich bisher nicht durchsetzen konnten.

5.1.3 Sharing Economy in der Kritik

Eine zentrale These der *Sharing-Economy* besteht darin, dass Ressourcen durch eine Dezentralisierung der Wertschöpfung und eine gemeinschaftliche Nutzung besser genutzt werden können und somit die Umwelt entlastet wird. Dadurch leiste die *Sharing-Economy* einen Beitrag zu einem nachhaltigeren Konsum und einer umweltgerechteren Lebensführung. Die These der Nachhaltigkeit bezieht sich darauf, dass die Kraft der *Sharing-Economy* sich insbesondere im Hinblick auf Umweltentlastungen und Ressourcenschonung entfaltet (Loske 2019: 65 f.). Auch wenn es erfolgreiche Praxisbeispiele gibt, welche die Ressourcenschonung durch eine geteilte Nutzung belegen (siehe stationsbasiertes Carsharing), ist die These eines nachhaltigeren Konsums umstritten.

Loske (2019) verweist darauf, dass der moderne Kapitalismus danach strebt, neue soziale Praktiken für seine Wachstumslogik nutzbar zu machen und ökonomisch auszubeuten. Das altruistische Motiv und die Nachhaltigkeit als Ausgangspunkte einer gemeinsamen Nutzung dienen den neuen Geschäftsmustern dabei als Distinktionsmerkmal, das den Konsum anregen soll. Dieser Gedanke lässt sich durchaus auf das Geschäftsfeld der *Shared Mobility* übertragen: Den E-Scooter Anbietern und markt-aggressiveren Formen des Bike-Sharing wird unterstellt, dass sie Renditemaximierung über Nachhaltigkeit stellen (vgl. Sundqvist-Andberg et al. 2021). Da der überwiegende Teil der Nutzerinnen und Nutzer Sharing-Angebote anstelle von Fußwegen nutzt, ist deren Beitrag zur Entlastung der Verkehrssysteme eher nachrangig zu bewerten (vgl. Bozzi und Aguilera 2021; Şengül und Mostofi 2021).

Auch das Unterlaufen von Sozialstandards wird als Kritik an der *Sharing-Economy* formuliert. Vergleichbar mit den Praktiken der Fahrdienstvermittler fördern Sharing-Anbieter mithin prekäre Beschäftigungsverhältnisse. So sind bei manchen Anbietern die Beziehungen zu jenem Personal fragwürdig, die sich um die Ladung der Batterien, Wartung und Verteilung der Scooter kümmern (umgangssprachlich als Juicer bezeichnet). Häufig werden sie als freie Mitarbeitende beschäftigt, die als Selbstständige nicht an den Rechten für Arbeitnehmende partizipieren. Sie agieren ohne Tariflohn und sind von Sozialleistungen ausgeschlossen (Button et al. 2020). Indem die Anbieter von E-Scooter Sharing mit selbstständigen Arbeitskräften den Mindestlohn unterlaufen können, stehen manche im Verdacht, Sozialdumping zu fördern.

Sowohl das Interesse an einer Renditemaximierung als auch fragwürdige Beschäftigungsverhältnisse veranlassen manche Autorinnen und Autoren, von einer Neoliberalisierung des Teilens zu sprechen. Schor und Vallas (Schor und Vallas 2021: 380) kommen aufgrund dieser Verhältnisse zu dem Schluss, dass profit-orientierte Unternehmen implizit die kommerzielle Verbrauchslogik des modernen Kapitalismus noch tiefer in den Alltag der Menschen einschreiben.

Vor diesem Hintergrund ist es auch für die *Sharing-Economy* notwendig, die Geschäftspraktiken hinsichtlich ihrer gesellschaftlichen Wirkung und ihrem ökologischen Einfluss zu bewerten. Nur auf Grundlage dieser Bewertung können Angebote der *Sharing-Economy,* und damit der *Shared Mobility,* hinsichtlich ihres Nutzens für die Gesellschaft eingeordnet werden.

5.2 Carsharing

Carsharing ist aus kleineren, ökologisch motivierten Initiativen entstanden, die im Zuge eines wachsenden Umwelt- und Klimaschutzbewusstseins nach Möglichkeiten suchten, die Abhängigkeit vom eigenen Auto zu verringern. Damit liegen die Anfänge des heutigen Carsharings in den Umweltbewegungen der 1980er-Jahre (vgl. Franke 2001).

> Definition: Carsharing ist die gemeinschaftliche Nutzung von Kraftfahrzeugen. Carsharing-Unternehmen stellen dazu Fahrzeuge an dezentralen Stationen zur Verfügung. Die Kundinnen und Kunden der Carsharing-Unternehmen können die Fahrzeuge gegen ein Entgelt für eigene Fahrten nutzen. Es gibt stationsbasiertes Carsharing, freefloating Carsharing und die Kombination aus stationsbasiertem und freefloating Carsharing.

Die gemeinschaftliche Nutzung eines Fahrzeugs ist weder neu noch ungewöhnlich. In der Familie oder der engen Nachbarschaft ist eine gemeinschaftliche Nutzung gängige Praxis – gelegentlich sogar mit einem Vertrag konkretisiert, in der Regel aber frei von jeglichen schriftlichen Vereinbarungen. Während in der Familie und allenfalls in der Nachbarschaft das Autoteilen ohne formale Absprachen praktikabel ist, treten bei größeren Gruppen Hindernisse auf – erforderlich sind Regelungen zur Verfügbarkeit, Bestimmungen im Schadenfall und letztlich stellt sich die Frage der Finanzierung und Kostenbeteiligung. Soll das Teilen von Fahrzeugen auch jenseits von Familie und Nachbarschaft funktionieren, bedarf es einer Professionalisierung.

Es wurde eine Trägerorganisation notwendig, die unabhängig von den Einzelinteressen der Nutzerinnen und Nutzer die Organisation des Fahrzeugteilens übernimmt und Carsharing als Dienstleistung anbietet. Das erste Carsharing-Unternehmen wurde im Jahr 1987 in der Schweiz gegründet. Kurz darauf, im Jahr 1988, wurde auch in Deutschland ein Unternehmen in Berlin gegründet. In den Folgejahren kamen in rascher Folge weitere Initiativen hinzu. In den Anfangsjahren war Carsharing noch keine kommerzielle Dienstleistung, sondern in Vereinen organisiert, die privat finanzierte Fahrzeuge selbstorganisiert und oft basisdemokratisch untereinander teilten.

Der Durchbruch für Carsharing als kommerzielle Dienstleistung vollzog sich später: Mobiles Internet und die Verbreitung von Smartphones vereinfachten den Buchungsvorgang und die mit der Nutzung einhergehenden Prozesse. Der Zusammenhang mit dem Aufkommen des Smartphones wird durch die gleichzeitige Entwicklung der Nutzungszahlen und der verfügbaren Fahrzeuge verdeutlicht (siehe ◘ Abb. 5.3 weiter unten). Auf der Suche nach neuen Geschäftsfeldern experimentieren seit den 2010er-Jahren auch finanzstarke Automobilkonzerne mit verschiedenen Carsharing-Modellen. Automobilkonzerne sind wesentliche Treiber für die Verbreitung von Carsharing. Sie sehen darin eine Möglichkeit, potenzielle Kundinnen und Kunden an ihre Marke zu binden.

5.2.1 Grundlagen des Carsharings

Formal ist Carsharing die Überlassung von Fahrzeugen an Dritte zur Nutzung gegen Zahlung von Entgelten, und zwar mit filialunabhängiger Übernahme und Rückgabe der Fahrzeuge im öffentlichen oder privaten Straßenraum. Durch dieser filialunabhängigen Übernahme und Rückgabe der Fahrzeuge unterscheidet sich Carsharing vom klassischen Mietwagenverleih.

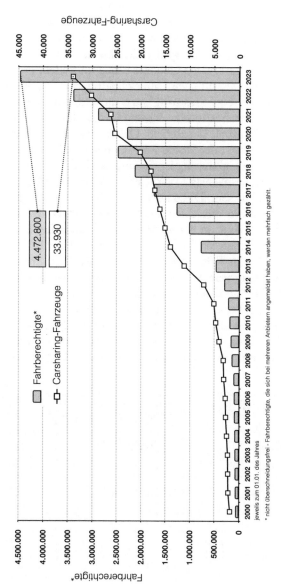

■ **Abb. 5.3**   Marktentwicklung von Carsharing in Deutschland – Fahrberechtigte und Carsharing Fahrzeuge (bcs 2023)

5

Stationsbasiertes und freefloating Carsharing

Carsharing unterscheidet man in zwei Formen: das stationsbasierte Carsharing sowie das freefloating Carsharing. Beim stationsbasierten Carsharing befinden sich die Fahrzeuge an einem festen Stellplatz. Von diesem Standort werden die Fahrzeuge entliehen und der Kunde muss sie nach Fahrtende dort wieder abstellen. Das freefloating Carsharing kennt solche Stationen nicht. Im freefloating stehen die Fahrzeuge auf öffentlichen Parkplätzen. Die Applikation des Anbieters zeigt die Standorte an, sodass die Kunden wissen, wo sich die Fahrzeuge befinden. Die Kunden können die Fahrzeuge über die Applikation buchen und an jedem öffentlichen Parkplatz innerhalb eines definierten Gebietes wieder abstellen.

Damit sind bereits die wesentlichen Unterscheidungsmerkmale der zwei Formen genannt: Im stationsbasierten Carsharing muss das Fahrzeug zum Ausgangspunkt zurückgebracht werden, im freefloating System ist die Nutzung innerhalb eines definierten Gebietes möglich (vgl. ◻ Tab. 5.1). Das freefloating System wird deswegen gelegentlich auch als on-way oder Home-Zone Carsharing bezeichnet.

Beim stationsbasierten Carsharing ist ein entscheidendes Kriterium für die Kundenakzeptanz, wie weit die nächste Station vom Wohnort entfernt ist. Idealerweise sollte sie zu Fuß erreichbar sein. Diese Form des Carsharings ist für Kunden attraktiv, die auf ein privates Auto verzichten möchten, bei Bedarf aber auf ein Fahrzeug zugreifen wollen. Üblich sind im stationsbasierten Carsharing auch unterschiedliche Fahrzeugtypen. So haben einige Anbieter neben Pkw auch Transporter, Kleinbusse oder sogenannte Fun-Fahrzeuge (etwa Cabriolets) in ihrem Fuhrpark. Der Kunde kann das Fahrzeug wählen, das seinen Bedürfnissen am besten entspricht. Stationsbasiertes Carsharing gibt es sowohl in Städten als auch auf dem Land, wobei das Angebot auf dem Land deutlich geringer ausfällt.

Das Konzept des freefloating Carsharing besteht dagegen darin, die Fortbewegung in der Stadt mit dem Auto zu ermöglichen. Bei den Fahrzeugen handelt es sich fast ausschließlich um kompakte Typen, die für den Stadtverkehr geeignet sind

◻ **Tab. 5.1** Merkmale und Unterschiede von stationsbasiertem und freefloating Carsharing (bcs 2021)

Stationsbasiert	Freefloating
Das Fahrzeug wird an einer Station abgeholt und muss dorthin zurückgebracht werden.	Das Fahrzeug steht dort, wo der letzte Kunde es abgestellt hat. Die Auffindung erfolgt über die App des Anbieters.
Eine Buchung ist kurzfristig oder Monate im Voraus möglich.	Die Buchung ist erst kurz vor Fahrtantritt möglich.
Verfügbarkeit und Standort des Fahrzeugs zum gewünschten Fahrtzeitpunkt sind planbar.	Bis zur Buchung sind Verfügbarkeit und genauer Standort des Fahrzeugs ungewiss.
Der Endzeitpunkt der Buchung muss meistens im Voraus geplant werden.	Alle Buchungen sind Open-End.
Das Fahrzeug muss zur Station zurückkehren.	One-Way-Fahrten sind innerhalb eines definierten Geschäftsgebiets möglich.
Das Auto hat einen reservierten Parkplatz (Station).	Das Auto hat keinen reservierten Parkplatz (stationslos).

und das Abstellen erleichtern. Freefloating Carsharing rentiert sich erst ab einer gewissen Nachfrage und ist bislang nur in den größeren Städten anzutreffen.

Einige Anbieter betreiben sowohl stationsbasiertes als auch freefloating Carsharing. Diese Form des Carsharings aus einer Hand wird gelegentlich als kombiniertes Angebot bezeichnet.

Verbreitung in Deutschland

Seit den Anfängen des kommerziellen Carsharings in den 1990er-Jahren ist das Angebot kontinuierlich gewachsen, wenn auch zunächst auf niedrigem Niveau. Einmal mehr markierten mobiles Internet und mobile Endgeräte eine Zeitenwende der technischen Möglichkeiten. Mit Beginn der 2010er-Jahre belebte sich die Entwicklung mit deutlichen Wachstumssprüngen. Smartphone-Applikationen vereinfachten die Buchung und Verwaltung der Fahrzeuge. Erst eine GPS-Ortung über mobile Endgeräte ermöglichte freefloating Carsharing. Inzwischen, mit Stand im Jahr 2023, bieten 249 Dienstleister Carsharing in 1.082 Orten in Deutschland an. Bei ihnen sind insgesamt 4,47 Mio. Menschen registriert. Bereitgestellt werden 33.930 Fahrzeuge (bcs 2023) (vgl. ◻ Abb. 5.3). Die Wachstumssprünge, was sowohl die Mitglieder als auch die angebotenen Fahrzeuge anbelangt, kann nicht darüber hinwegtäuschen, dass es sich weiterhin um ein Nischensegment im motorisierten Individualverkehr handelt. Zum Vergleich: Im Jahr 2023 lag in Deutschland der Pkw-Bestand bei 48,8 Mio. Fahrzeugen (KBA 2023). Die Potenziale, die dem Carsharing zur Reduzierung des privaten Pkw zugeschrieben werden, sind bei Weitem nicht ausgeschöpft (siehe ◻ Tab. 5.4 weiter unten).

Eine Aufteilung der Kennzahlen zum Stand des Carsharings in Deutschland nach stationsbasiertem und freefloating Carsharing verdeutlicht die Unterschiede zwischen den Systemen. Die Zahlen in ◻ Tab. 5.2 veranschaulichen in vereinfachter Form die Charakteristika der Systeme:

1. Stationsbasiertes Carsharing ist in der Fläche vertreten, mitunter auch in kleineren Orten bis in den ländlichen Raum hinein, während sich freefloating Carsharing auf die Ballungszentren konzentriert,
2. ebenso die Fahrzeuge: auch wenn es Schwerpunkte in den größeren Städten gibt, verteilen sich die Fahrzeuge im stationsbasierten Carsharing auf die

◻ **Tab. 5.2** Marktstruktur von Carsharing in Deutschland, Stand 2023 – Vergleich von stationsbasiertem und freefloating Carsharing (bcs 2023)

	Stationsbasiert und kombinierte Systeme	Freefloating
Anzahl der Fahrzeuge	15.360 (davon 1.310 free-floating in kombinierten Systemen)	18.570
Anzahl der Carsharing-Anbieter	245	4
Städte und Gemeinden mit einem Carsharing-Angebot	1.078	34 (davon 15 Einzelstandorte oder Gewerbegebiete)
Anzahl der Fahrberechtigten	907.580	3.565.220

einzelnen Stationen in der Fläche, während sich die Fahrzeuge beim freefloating Carsharing entsprechend dem Geschäftsmodell in den definierten Zonen der Ballungszentren konzentrieren,

3. im Schnitt teilen sich im stationsbasierten Carsharing 59 registrierte Mitglieder ein Fahrzeug, während im freefloating Carsharing ein Fahrzeug auf 192 Mitglieder kommt,

4. die Anbieter des stationsbasierten Carsharing decken ein breites Spektrum ab, das von kleinen Anbietern mit wenigen Fahrzeugen bis zu Anbietern reicht, die in mehreren Bundesländern mit ihrem Angebot vertreten sind, während im freefloating Carsharing lediglich vier Unternehmen im Markt vertreten sind.

Bei den freefloating Systemen ist die Entwicklung und Betrieb der technischen Infrastruktur deutlich aufwendiger als für stationsbasierte Systeme. Darin könnte ein Grund liegen, dass lediglich vier Anbieter mit einer reinen freefloating Dienstleistung den Markt bedienen. Die Zunahme von kombinierten Dienstleistungen – also Anbieter, die sowohl stationsbasiertes als auch freefloating Carsharing betreiben – verweist allerdings darauf, dass die Systeme diffundieren. So gibt es erste IT-Unternehmen, die als Drittanbieter spezifische Lösungen bereitstellen, mit denen Carsharing-Unternehmen ihre gesamten digitalen Prozesse abbilden können. Das befreit etablierte Carsharing Unternehmen von der Entwicklung eigener Lösungen und erleichtert den Zugang zu umfangreicher technischer Infrastruktur. Das kann auch als ein erster Schritt zur Plattformbildung im Carsharing-Markt bewertet werden. Die Anbieter kooperieren über die gemeinsame Plattform und geben ihre Fahrzeuge für Kunden anderer Anbieter frei.

Politik, Umsetzung in den Kommunen und rechtliche Grundlagen

Ein Hemmnis für Carsharing-Anbieter ist der Platz für ihre Stationen. Der Mangel an Parkflächen hindert die Anbieter in vielen Städten daran, ihr Angebot auszuweiten. Häufig sind sie auf private Flächen beschränkt, die sie anmieten müssen. Um hier Abhilfe zu schaffen und das Carsharing in den Kommunen zu fördern, hat der Gesetzgeber 2017 ein Gesetz zur Bevorrechtigung des Carsharing (Carsharinggesetz – CsgG) erlassen.

Das Gesetz definiert, was unter Carsharing-Fahrzeugen und Carsharing-Anbietern zu verstehen ist, im Kern geht es aber um die Schaffung eines Sondernutzungsrechts für den öffentlichen Raum. Demnach „kann die nach Landesrecht zuständige Behörde zum Zwecke der Nutzung als Stellflächen für stationsbasierte Carsharing-Fahrzeuge dazu geeignete Flächen einer Ortsdurchfahrt im Zuge einer Bundesstraße bestimmen." (§ 5, Absatz 1, CsgG) Dabei steht sich das föderale System der Straßenbaulast einmal mehr im Weg: Der Bund kann nur ein Gesetz erlassen, dass sich auf jene Straßen erstreckt, für das sie die Straßenbaulast trägt – das sind für diesen Anwendungsfall allein die Bundesstraßen. Alle anderen Straßen liegen in der Verantwortung der Länder und Kommunen. So gewährt das Gesetz eine Sondernutzung allein für Bundesstraßen, für alle anderen Straßen bedarf es eigener, korrespondierender Regelungen der Länder. Das Gesetz stellt somit nur eine Grundlage dar, auf der die Länder und Kommunen ihre eigenen Regelungen ausgestalten können.

Die Bundesländer verfolgen unterschiedliche Ansätze: Bremen beispielsweise hat im Jahr 2019 ein eigenes Carsharinggesetz in Kraft gesetzt, das Bremische Landes-Carsharinggesetz (BremLCsgG). Es ermöglicht den Gemeinden, öffentliche Stellplätze zum Zwecke des Carsharing auszuweisen, und zwar „mit dem Ziel, den Parkraumbedarf zu verringern und die klima- und umweltschädlichen Auswirkungen des motorisierten Individualverkehrs zu reduzieren" (§ 1 BremLCsgG). Thüringen, um ein weiteres Beispiel zu nennen, erweiterte im Jahr 2022 das eigene Straßengesetz um einen Carsharing Paragrafen und ging damit einen eigenen Weg. In einem neuen § 18a des ThürStrG heißt es nun: „die Gemeinde [kann] innerhalb der geschlossenen Ortslage geeignete Flächen im Zuge von öffentlichen Straßen zum Zwecke der Nutzung für stationsbasiertes Carsharing bestimmen." (§ 18a, Absatz 1 ThürStrG) Damit erhalten die Carsharing-Anbieter ein Recht auf Sondernutzung, was ihnen die Einrichtung von Stationen erheblich erleichtert.

Aber erst mit der Novellierung der Straßenverkehrsordnung hat der Gesetzgeber den Kommunen ein Instrument in die Hand gegeben, die Stationen verwaltungsrechtlich konform im öffentlichen Straßenraum auszuweisen. Die Novellierung war für das Jahr 2020 vorgesehen, konnte nach einem Verfahrensfehler aber erst im Jahr 2022 umgesetzt werden. Seither enthält die Straßenverkehrsordnung ein Sinnbild zur Parkbevorrechtigung von Carsharing-Fahrzeugen (◻ Abb. 5.4).

Mit der Ausweisung von Stellplätzen im öffentlichen Raum steht den Kommunen ein Instrument zur Verfügung, um Carsharing in ihrem Verwaltungsgebiet zu unterstützen. Die Maßnahme allein reicht jedoch nicht aus, um Carsharing erfolgreich in den Kommunen zu etablieren. Jedoch nimmt es den Betreibern eine wesentliche Hürde und erleichtert ihnen, ihr Angebot weiter auszubauen. Bund und Länder haben diese Aufgabe durch Verordnungen allein in die Hände der Kommunen gelegt. Die Umsetzung hängt damit ganz vom Gestaltungswillen der kommunalen

◻ **Abb. 5.4** Sinnbild Parkbevorrechtigung von Carsharing-Fahrzeugen als Inhalt eines Zusatzzeichens zu Zeichen 314 oder 315 (§ 39, Absatz 11, StVO)

Politik und Verwaltung ab. Die Kommunen sehen sich wiederum mit einer Reihe von Problemen konfrontiert, für die sie erst Verfahren etablieren müssen: So ist es erforderlich, dass die Vergabe von Stellplätzen an ein Carsharing Unternehmen rechtssicher erfolgt. Die zögerliche Umsetzung der Ausweisung von Carsharing-Stellplätzen liegt jedoch weniger an den Verfahren, sondern vielmehr daran, dass die Kommunen die Carsharing-Stellplätze dem öffentlichen Parkraum für die Allgemeinheit entziehen müssen. Die Frage des öffentlichen Parkraums ist in allen Kommunen ein sensibles Thema, vor allem aber in den dicht besiedelten Wohngebieten. Gerade in diesen dicht bebauten Wohngebieten befinden sich die Zielgruppen des stationsgebundenen Carsharings. Daraus ergibt sich ein Interessenkonflikt, den manche Kommunen scheuen und deshalb die Ausweisung von Stellplätzen für Carsharing vermeiden. Insgesamt lässt sich festhalten, dass die Kommunen, die sich bereits vor den Regelungen um die Förderung des Carsharings in ihrem Verwaltungsgebiet bemüht haben, auch die Möglichkeiten nutzen, die ihnen Bund und Länder bieten – während die bisher zögerlichen Kommunen weiterhin zurückhaltend reagieren.

5.2.2 Anwendungsfelder

Seit der Erkenntnis, dass Carsharing ein Instrument zur Lösung von Verkehrsproblemen sein kann, gibt es immer mehr Projekte und Initiativen, die versuchen, das Angebot in der Bevölkerung bekannter zu machen. Dabei haben sich einige Anwendungsfelder des Carsharing herausgebildet, die nicht mehr unmittelbar zum Kerngeschäft gehören – dem Teilen von Fahrzeugen zwischen Privatpersonen. Am prominentesten sind hier die drei Initiativen: 1) Carsharing auf das Land zu bringen, 2) Wohnen und Carsharing stärker zu verknüpfen sowie 3) Carsharing für Unternehmen anzubieten (das sogenannte Corporate Carsharing).

Carsharing auf dem Land

In dicht bebauten und vom motorisierten Individualverkehr belasteten Gebieten hat Carsharing findet Carsharing eine gute Kundenbasis. Deshalb kann es als ein relativ erfolgreiches Konzept im urbanen Raum bezeichnet werden. Im ländlichen Raum hingegen bieten sich schwierige Rahmenbedingungen: disperse Siedlungsstrukturen und geringe Einwohnerdichte, hohe Autoabhängigkeit und -affinität.

Für das Verständnis von Mobilität auf dem Land ist zunächst festzuhalten, dass der ländliche Raum nicht als homogene geographische Kategorie betrachtet werden kann. Die Vorstellung vom ländlichen Raum als einem naturnahen, von Land- und Forstwirtschaft geprägten und mit Dörfern durchzogenen Raum ist schlichtweg falsch und stammt aus dem letzten Jahrhundert (vgl. Weingarten und Steinführer 2020). Die Lebensverhältnisse zwischen Stadt und Land haben sich weitgehend angeglichen. Die wissenschaftlichen Methoden zur Abgrenzung von Stadt und Land konzentrieren sich daher zumeist auf siedlungsstrukturelle Merkmale. Eine Annäherung an den ländlichen Raum bietet die Typisierung des Thünen-Instituts: Eine ländliche Region ist demnach unter anderem geprägt durch eine geringe Siedlungsdichte, einen hohen Anteil von Ein- und Zweifamilienhäusern und einer geringen

Erreichbarkeit von großen Zentren (Küpper 2016: 5). Diese Definition verweist relativ genau auf die Schwierigkeiten, die der öffentliche Verkehr im Allgemeinen und Carsharing im Besonderen zu überwinden haben. Eine geringe Siedlungs- und Bevölkerungsdichte und eine auf das Automobil ausgerichtete Verkehrspolitik begünstigen den motorisierten Individualverkehr und fördern die Abhängigkeit vom eigenen Pkw.

Nachhaltige Mobilität darf jedoch kein Privileg der Menschen in der Stadt sein und schwierige Rahmenbedingungen dürfen nicht als Ausrede dafür dienen, den Menschen im ländlichen Raum nachhaltigere Fortbewegungsmöglichkeiten vorzuenthalten. Carsharing wird daher auch für den ländlichen Raum als Instrument zur Förderung einer nachhaltigeren Mobilität gesehen. Allerdings ist es notwendig, dass Carsharing auf dem Land anders organisiert wird als in der Stadt (vgl. Übersicht mit Vor- und Nachteilen in ◨ Tab. 5.3).

Für kommerzielle Anbieter des Carsharing ist die Wirtschaftlichkeit ihres Angebots der entscheidende Faktor für ihr Engagement. In dicht besiedelten Gebieten besteht in der Regel eine Nachfrage, die einen wirtschaftlichen Betrieb von Carsharing ermöglicht. Im ländlichen Raum hingegen hemmen hingegen ein hoher Motorisierungsgrad und die geringe Bevölkerungsdichte die Wirtschaftlichkeit der Angebote. Kommerzielle Anbieter sehen wenig Anreiz, ihre Dienstleistungen auf diese Gebiete auszudehnen. An ihre Stelle treten Nachbarschaftshilfen oder gemeinnützige Organisationen. Deren Motivation wird vom ökologischen Gedanken getragen oder liegt in der Verbesserung von allgemeinen Lebensbedingungen (wenn etwa Kleintransporter für Vereinsfahrten oder Fahrgemeinschaften verfügbar werden). Somit ist Carsharing im ländlichen Raum häufig durch ehrenamtliche Arbeit gekennzeichnet. Gelegentlich finanzieren Gemeinden oder Energieversorger

◨ **Tab. 5.3** Vor- und Nachteile verschiedener Organisationsformen von Carsharing im ländlichen Raum (Nehrke 2022)

	Kommerzieller Anbieter	Carsharing Verein	Ankermieter stützt Carsharing	Extern initiierte Angebote
Vorteile	– professionelles Angebot – kompatibel mit urbanem Angebot – oft integriert mit öffentlichen Verkehrsangeboten	– ehrenamtliche Arbeit ersetzt Profitabilität – gute Verankerung in lokaler Gemeinschaft – Verein als Peer-to-peer „Marketing-Tool"	– Profitabilität ist erreichbar – Mitarbeiter*innen als Multiplikatoren	– Bundes-/Landes- Förderung oft möglich – lokale Energieversorger stellen gern E-Carsharing
Nachteile	– wird eingestellt bei mangelnder Profitabilität	– manchmal geringe Professionalität – oft von engagierten Akteuren abhängig	– Firmenstandorte für Bürger*innen oft unattraktiv – Fahrzeugverfügbarkeit durch dienstl. Fahrten eingeschränkt	– Fortbestand unklar – Service und Marketing oft ungenügend

über Förderprojekte die lokalen Carsharing Initiativen. Bei diesen extern initiierten Projekten stellt sich jedoch regelmäßig die Frage der Verstetigung, wenn die Förderung ausläuft.

Neben privaten Initiativen im Ehrenamt besteht in der Kombination aus öffentlichem Carsharing und Corporate Carsharing eine Alternative, um doch noch ein kommerzielles Angebot in den ländlichen Raum zu bringen. Ein sogenannter Ankermieter sichert die Grundauslastung eines kommerziellen Carsharing-Anbieters. Beim Carsharing mit Ankermieter nutzt eine Kommune oder ein Unternehmen die Carsharing-Fahrzeuge regelmäßig zu bestimmten Zeiten. Durch diese Grundauslastung kann der kommerzielle Anbieter sein Angebot wirtschaftlich betreiben. In den Zeiten, in denen die Fahrzeuge nicht vom Ankermieter genutzt werden, stehen sie der Bevölkerung zur Verfügung.

Carsharing und Wohnen

Wenn Carsharing als Ersatz für das eigene Automobil funktionieren soll, besteht eine Voraussetzung in der wohnortnahen Station – die Wege zum Fahrzeug dürfen nicht zu weit sein, damit das Angebot genutzt wird. Angesichts dessen wird Carsharing schon immer mit der Quartiersentwicklung zusammen gedacht. In Wohnquartieren, die explizit auf eine autoreduzierte Lebensweise entwickelt wurden – zum Beispiel Vauban in Freiburg oder die Lincoln-Siedlung in Darmstadt – sind Carsharing Unternehmen von Anfang an involviert. Solche autoarmen Siedlungen sind sicher Modellprojekte und auf Einzelfälle beschränkt – sie funktionieren, weil die Bedürfnisse der Bewohner an ihre Mobilität bereits in der Siedlungsplanung berücksichtigt werden. Neben einer gut ausgebauten Fahrradinfrastruktur und einer guten Anbindung des öffentlichen Verkehrs ist Carsharing hier ein Baustein im Angebotsmix mehrerer Mobilitätsoptionen. Zusammen ermöglichen sie im Wohnquartier einen autoreduzierten Lebensstil. Diese Form des Zusammendenkens von Mobilität und Wohnen kann als Idealfall angesehen werden.

In Bestandsquartieren und bei einzelnen Bauvorhaben stehen die Stellplatzverordnungen einem progressiven Vorgehen und die Integration von Carsharing allzu oft im Weg. Die Stellplatzverordnungen der Kommunen haben ihren Ursprung in der Reichsgaragenordnung aus dem Jahr 1939, mit der zu der Zeit die Automobilisierung der Bevölkerung vorangetrieben werden sollte. Damals wie heute verpflichten die Verordnungen die Bauträger von Wohnhäusern dazu, Stellplätze für Pkw vorzuhalten. In der Regel verlangen die Verordnungen einen bis zwei Stellplätze je Wohneinheit, wobei die Vorgaben je nach Bundesland variieren und teilweise abhängig sind von Größe, Lage und Beschaffenheit der Wohnungen.

Ein zunehmend möglicher Weg ist, dass die Kommunen den Bau- und Wohnungsunternehmen ermöglichen, durch den Nachweis von Carsharing-Stellplätzen die Anzahl der vorgeschriebenen Pkw-Stellplätze zu reduzieren. Diese sogenannte Stellplatzablöse führt dazu, dass Wohnungsunternehmen mit Carsharing-Anbietern kooperieren (Rid et al. 2018: 48). Die Kooperation zwischen Kommune, Carsharing-Unternehmen sowie Bau- und Wohnungswirtschaft ist eine wesentliche Voraussetzung für die Reduzierung der Autoabhängigkeit in Stadtquartieren. Die Kommunen können über die Stellplatzsatzungen diese Kooperation initiieren.

Carsharing für Unternehmen

Neben dem Carsharing für Privatkunden hat sich ein weiterer Markt herausgebildet: Carsharing für Unternehmen. Dieser Geschäftsbereich wird als Corporate Carsharing bezeichnet. Die Idee besteht darin, dass Unternehmen oder auch die Verwaltung von Kommunen einen Teil ihres Bedarfs an Dienstfahrzeugen über Carsharing abdecken. Der Vorteil für die Unternehmen besteht darin, dass sie ihre eigene Fahrzeugflotte reduzieren, flexibel und je nach Anforderung auf verschiedene Fahrzeugmodelle zurückgreifen und den Aufwand zum Betrieb der eigenen Flotte minimieren können. Die Carsharing-Anbieter erhalten einen Kunden, der für eine Grundauslastung ihrer Dienstleistung sorgt und die Rentabilität des Angebotes sichern kann. Corporate Carsharing ist für Unternehmen interessant, deren eigener Fuhrpark regelmäßig nicht ausgelastet ist. Ein Teil des Bedarfs kann dann durch Fahrzeuge in Kooperation mit einem Carsharing-Anbieter abgedeckt werden.

Es bestehen verschiedene Ansätze des Corporate Carsharing. Die wesentliche Unterscheidung liegt in einer offenen oder geschlossenen Nutzungsgruppe. Bei der offenen Nutzungsgruppe buchen die Unternehmen je nach Bedarf ein Carsharing Fahrzeug, wobei der Fahrzeugpool jederzeit der Allgemeinheit zugänglich ist. Das Unternehmen ist dabei gleichrangig einem Privatkunden. Während auf der einen Seite die Planbarkeit durch einen schwerer abschätzbaren Zugang eingeschränkt wird, ergeben sich bei dieser Form auf der anderen Seite Kostenvorteile für das Unternehmen. Die Variante der geschlossenen Nutzungsgruppe besteht darin, dass der Nutzungszeitraum beschränkt ist. Die Fahrzeuge sind während der Geschäftszeiten, etwa montags bis freitags von 9.00 bis 17.00 Uhr, für das Unternehmen reserviert. Außerhalb der Geschäftszeiten können dann alle Kunden des Carsharing-Anbieters auf den Fahrzeugpool zugreifen.

5.2.3 Wirkung des Carsharings

Carsharing kann nur dann eine Wirkung hinsichtlich eines nachhaltigeren Verkehrs entfalten, wenn es dazu beiträgt, den motorisierten Individualverkehr zu reduzieren. Dahinter steht die Idee, dass Menschen durch Carsharing in die Lage versetzen werden, ihre Mobilität multimodal zu organisieren. Sie greifen nur dann auf ein Carsharing Auto zurück, wenn ein Bedarf besteht oder andere Angebote ungeeignet sind. Für alle anderen Wege nutzen sie Alternativen – zu Fuß, das Fahrrad, den öffentlichen Verkehr. Insofern kann Carsharing nicht als ein Angebot für sich betrachtet werden, sondern versteht sich als ein Baustein in einem multimodalen Mobilitätssystem.

Carsharing entlastet den Verkehr, indem es dazu führt, dass die Menschen auf ein eigenes Auto verzichten oder zumindest kein zusätzliches Fahrzeug anschaffen. Es kann auch dazu beitragen, dass Menschen ihr Verkehrsverhalten ändern und häufiger alternative Verkehrsmittel nutzen.

> Merksatz: Carsharing trägt in zweierlei Hinsicht zur Verkehrsentlastung bei: Zum einen dadurch, dass die Carsharing-Nutzenden auf ein eigenes Auto verzichten oder zumindest kein weiteres anschaffen. Dieser Verzicht führt unmittelbar zu einer Ver-

ringerung der Anzahl der Pkw. Zweitens entsteht eine Verkehrsentlastung indirekt durch eine veränderte Verkehrsmittelnutzung. Die Menschen organisieren ihre Mobilität zunehmend multimodal und verzichten weitgehend auf den motorisierten Individualverkehr.

Die Effekte auf die Umwelt und das Verkehrsgeschehen ergeben sich aus der Reduzierung von Fahrten im motorisierten Individualverkehr. Damit verbunden ist eine Verringerung der Emissionen und des Flächenverbrauchs durch einen geringeren Bedarf an Parkplätzen (Ramos et al. 2020: 1). Das Ausmaß der Verlagerung hängt neben einer Reihe von Faktoren vor allem von der Verfügbarkeit von Alternativen zum privaten Pkw und der Bereitschaft ab, die eigene Mobilität multimodal zu gestalten.

Zusammenfassend kann festgestellt werden, dass Carsharing das Potenzial hat, das Verkehrssystem zu entlasten und einen Beitrag zur Lösung der Verkehrsprobleme zu leisten. Allerdings ist die Marktdurchdringung und die Nutzung der Angebote bisher zu gering, als dass der Effekt auf die Verkehrsentwicklung in Deutschland insgesamt spürbar wäre. Ungeachtet des exponentiellen Wachstums des Carsharings seit den 2010er-Jahren ist in Deutschland das Angebot, gemessen am Gesamtverkehrsgeschehen, bislang ein Nischenmarkt. Erst wenn es den Carsharing-Anbietern gelingen sollte, aus dieser Nische herauszutreten, könnte eine Wirkung flächendeckend entstehen. Gelingen kann dies in Verbindung mit dem Ausbau weiterer alternativer Verkehrsangebote, allerdings nur, wenn die Kommunen die Dienstleistung vorbehaltlos unterstützen.

Pkw-Besitz

Das Entlastungspotenzial von Car-Sharing ist unbestritten. Unklar ist nur, wie groß der Effekt ist. Mehrere Studien untersuchen den Zusammenhang zwischen Carsharing Mitgliedschaft und dem Besitz eines eigenen Pkw. Sie gehen der Frage nach, ob Carsharing zur Abschaffung oder zum Verzicht auf ein eigenes Auto beigetragen hat. Bei der Betrachtung zum Verzicht auf ein eigenes Auto ist es erforderlich, zwischen den Varianten des Carsharings zu unterscheiden. Denn stationsbasiertes und freefloating Carsharing zielen jeweils auf eine eigene Nutzungsgruppe und entfalten eine unterschiedliche Wirkung.

Relativ gut untersucht ist dabei die Gruppe der Menschen, die stationsbasiertes Carsharing nutzen. ◼ Tab. 5.4 fast die Ergebnisse zum Einfluss auf den Autobesitz von mehreren Studien zusammen. Die Ergebnisse werden sowohl als Substitutionsraten dargestellt, die angeben wie viele private Pkw durch ein Carsharing Fahrzeug ersetzt werden, als auch als prozentuale Angaben zum Autoverzicht. Auch wenn die Ergebnisse zum Teil erheblich variieren, stellen alle Studien fest, dass das stationsbasierte Carsharing einen nicht unerheblichen positiven Effekt entfaltet, indem die Kunden ein eigenes Auto abschaffen oder zumindest auf die Anschaffung eines Wagens verzichten.

Untersuchungen zum freefloating Carsharing kommen zu geringeren Substitutionswerten: Nach Becker et al. (2018) schafften 6 % der befragten Kunden des freefloating Carsharing einen eigenen Pkw ab, während Le Vine und Polak (2019) für London herausgefunden haben, dass 11 % der Befragungsteilnehmenden einen eigenen Pkw abgeschafft haben und weitere 8 % vorhätten, einen Wagen ab-

◻ Tab. 5.4 Substitutionsraten und Verzichtsangaben privater Pkw im stationsgebundenen Carsharing

Studie	Stadt/Region	Substitutionsrate/ Verzichtsangaben	Anmerkung
Ko et al. (2017)	Seoul, Südkorea	– 1 Carsharing Pkw ersetzt 3,3 Privat-Pkw	Tatsächlich abgeschaffte Pkw ohne Einschätzung zum Kaufverzicht
Nijland und van Meerkerk (2017)	Niederlande	– 30 % schafften einen eigenen Pkw ab; – 37 % derjenigen, die einen Pkw besitzen, verzichteten auf die Anschaffung eines Zweitwagens; – 8 % derjenigen, die kein Pkw besitzen, verzichteten auf die Anschaffung eines Pkw	Selbsteinschätzung der Befragten
Kim et al. (2019)	Seoul, Südkorea	– 32 % der Kunden entschieden sich, einen Autokauf zu verschieben oder ein eigenes Auto abzuschaffen – 13 % der Kunden haben ihren Pkw abgeschafft	Selbsteinschätzung der Befragten
Chapman et al. (2020)	Flandern, Niederlande	– mindestes 12,6 % der Kunden haben einen Pkw abgeschafft	Befragung mit 3.430 Teilnehmenden, davon 11 % Carsharing-Kunden
CoMoUK (2021b)	Großbritannien	– 17 % der Kunden schafften ihren eigenen Pkw ab – 16 % der Kunden verzichteten auf die Anschaffung eines Pkw – 1 Carsharing Pkw ersetzt 20 Privat-Pkw	Umfrage des UK Carsharing Verbandes, gesamt Großbritannien
CoMoUK (2021a)	London, Großbritannien	– 16 % der Kunden schafften ihren eigenen Pkw ab – 16 % der Kunden verzichteten auf die Anschaffung eines Pkw – 1 Carsharing Pkw ersetzt 24 Privat-Pkw	Umfrage des UK Carsharing Verbandes, ausschließlich London
Namazu und Dowla-tabadi (2018)	Vancouver, Kanada	– 35 % der Kunden schaffen ihren eigenen Pkw ab	vergleichende Studie zwischen free-floating und stationsbasiertem Carsharing, 3.405 Teilnehmende
bcs (2019)	Berlin, Deutschland	– 1 Carsharing Pkw ersetzt 8 bis 9 Privat-Pkw	Ergebnisse des deutschen Carsharing Verbandes, bcs
Losse (2016)	12 deutsche Großstädte und eine Gemeinde	– 18,5 % der Kunden schaffen ihren eigenen Pkw ab	Studie des deutschen Carsharing Verbandes, bcs

zuschaffen. Vergleichende Studien stellen eine geringere Entlastungswirkung des freefloating Carsharing gegenüber dem stationsbasierten Carsharing fest (siehe etwa Namazu/Dowlatabadi 2018).

Laut Bergstad et al. (2018: 102) verwenden die Kunden des freefloating Carsharing das Angebot parallel zum eigenen Pkw. Diese Kundengruppe nutzt ein Carsharing-Fahrzeug eher für relativ kurze Innenstadtfahrten, die ebenso gut mit dem Fahrrad oder öffentlichen Verkehr zurückgelegt werden könnten. Da freefloating Carsharing in den meisten Anwendungsfeldern als Ergänzung zum eigenen Pkw für Fahrten in der Stadt verstanden wird, entfaltet es eine geringere Entlastung als stationsbasiertes Carsharing, das üblicherweise als Ergänzung zu Fahrrad und dem öffentlichen Verkehr dient.

Die oben genannten Untersuchungen basieren auf Befragungen von Nutzerinnen und Nutzern in einzelnen Städten oder für einzelne Anbieter. Damit bleiben deren Ergebnisse lokal auf die betrachtete Region begrenzt und lassen sich nur bedingt übertragen. Einen anderen Ansatz verfolgt Kolleck (2021). Anhand von Statistiken zum Fahrzeugbesitz untersucht er die Substitution privater Pkw durch Carsharing in 35 deutschen Städten. Die Studie bestätigt den Zusammenhang zwischen stationsbasiertem Carsharing und einer Reduzierung des Autobesitzes. Seinen Berechnungen zufolge ersetzt ein Carsharing-Fahrzeug bis zu neun Fahrzeuge im Privatbesitz. Die Reduktion trifft allerdings nur für das stationsbasierte Carsharing zu, für freefloating Carsharing konnte Kolleck keine Reduktion nachweisen. Weiterhin kommt er zu dem Ergebnis, dass sowohl stationsbasiertes als auch freefloating Carsharing keinen signifikanten Einfluss auf den Automobilmarkt ausüben – Carsharing führt nicht allgemein dazu, dass weniger neue oder gebrauchte Pkw verkauft werden. Diese letzte Erkenntnis steht im Widerspruch zu einer Untersuchung von Schmidt (2020), der sich mit freefloating Carsharing und dem Verkauf von Neuwagen ebenfalls mit Kennzahlen der offiziellen Statistik auseinandergesetzt hat. Schmidt kommt wiederum zu dem Ergebnis: Ein Carsharing-Fahrzeug der freefloating Variante führt dazu, dass drei Neufahrzeuge pro Jahr weniger verkauft werden. Insgesamt wäre es eine Reduzierung von 1,5 % der Jahresverkaufszahlen, wobei insbesondere das Segment der Klein-, Kompakt- und Mittelklassewagen betroffen ist.

Ein möglicherweise negativer Effekt im Carsharing darf nicht vernachlässigt werden: Für jene Carsharing Nutzenden, die bisher fast vollständig auf Fahrten mit dem Pkw verzichteten, stellt Carsharing ein Einstieg in den motorisierten Individualverkehr dar. Wenn es sich hierbei auch um eine kleine Gruppe handeln dürfte, führt die Carsharing Nutzung bei diesen Personen doch zu einem Anstieg ihrer im motorisierten Individualverkehr zurückgelegten Kilometer (Arbeláez Vélez und Plepys 2021: 13).

Bei der Entscheidung von Personen und Haushalten, ob ein Pkw abgeschafft oder zumindest kein weiteres angeschafft wird, spielt Carsharing zwar eine bedeutende Rolle. Carsharing ist jedoch nur einer von mehreren Faktoren, die die Entscheidung beeinflussen. Die Substitution von Fahrzeugen im Privatbesitz kann nicht allein auf das Carsharing zurückgeführt werden (Giesel/Nobis 2016). Einstellungen hinsichtlich der individuellen Gestaltung nachhaltiger Mobilität, die Verfügbarkeit von Alternativen, die Bedingungen zur Organisation von Arbeit, Einkauf, Freizeit sind ebenfalls Faktoren, die in die Entscheidung für oder gegen ein eigenes Fahrzeug einfließen.

Verkehrsmittelnutzung der Kunden und Umwelteffekte

Geht die Nutzung von Carsharing mit der Abschaffung des eigenen Pkw einher, passen sich die Menschen in ihrem Verkehrsverhalten an, und zwar hin zu einer multimodalen Mobilität – sie nutzen verstärkt den Umweltverbund, fahren also mit dem öffentlichen Verkehr, gehen zu Fuß oder nutzen das Fahrrad (Bergstad et al. 2018: 123; Tarnovetckaia und Mostofi 2022: 4). Göddeke et al. (2021: 10) stellen in diesem Zusammenhanf fest, dass Carsharing Nutzende häufiger mit den Verkehrsmitteln des Umweltverbundes unterwegs sind als Nicht-Nutzende, und zwar konkret 1,4- bis 1,5-mal so häufig.

Der Verzicht auf ein eigenes Auto, ausgelöst durch die Verfügbarkeit von Carsharing, führt zu weniger Fahrten und weniger zurückgelegten Personenkilometern im motorisierten Individualverkehr. Auf dieser Grundlage kann die Einsparung von Klimagasen abgeschätzt werden. Berechnungen wurden von Chen und Kockelman (2016) für die USA durchgeführt. Sie kommen zu dem Ergebnis, dass ein Carsharing Nutzer bis zu 51 % individuell im Verkehr verursachte Treibhausgasemissionen einspart. Hochgerechnet auf alle US-Haushalte würden die Kunden des Carsharings zu einer Entlastung der verkehrsbedingten Treibhausgasemission von 5 % je Haushalt führen. Nijland und van Meerkerk (2017) stellen ähnliche Berechnungen für die Niederlande an: Demnach legen die Carsharing Nutzenden nach der Aufnahme der Mitgliedschaft etwa 15 bis 20 % weniger Kilometer mit einem Pkw zurück als zuvor und verursachen somit zwischen 240 und 390 kg Klimagase weniger pro Jahr.

Das Kundensegment der Carsharing Nutzenden ist heterogen, es bedarf einer Prüfung, ob die entlastende Wirkung von Carsharing bei allen Personen zutrifft. In ihrer Studie zum Verkehrsverhalten in Italien und Schweden identifizieren Ramos et al. (2020) drei Mobilitätsstile von Carsharing-Kunden: 1) Menschen mit multimodalen Verkehrsverhalten und geringem Umweltbewusstsein, 2) Pkw-fokussierte, ambivalente Menschen sowie 3) aktiv Nutzende des öffentlichen Verkehrs mit hohem Umweltbewusstsein. Nachdem sie das Verkehrsverhalten dieser Kundengruppen ausgewertet haben, kommen Ramos et al. zu dem Schluss, dass Carsharing Nutzende zunächst über alle dieser drei Gruppen hinweg keinen höheren Anteil an Wegen im öffentlichen Verkehr, Fuß- oder Radverkehr aufweisen und damit nicht unbedingt nachhaltiger unterwegs sind (Ramos et al. 2020: 7). Es sei allerdings aufgefallen, dass die dritte Gruppe, die der aktiv Nutzenden des öffentlichen Verkehrs mit hohem Umweltbewusstsein, generell Kriterien an ihre Verkehrsmittelnutzung anlegt, die sich an der Reduzierung der Umweltauswirkungen orientieren. Diese Gruppe würde durchaus eine nachhaltigere Praxis der Fortbewegung ausüben. Der Anteil dieser Gruppe an allen Carsharing-Kunden beläuft sich auf 45 % der Befragten in Italien und 51 % in Schweden. Der Widerspruch zu den oben genannten Erkenntnissen von Göddeke et al. (2021: 10), Carsharing Kunden würden generell mehr den Umweltverbund nutzen, könnte demnach darin liegen, dass die Anteile von Menschen mit hohem Umweltbewusstsein und damit reflektierten Mobilitätsentscheidungen in den jeweils betrachteten Ländern unterschiedlich ausfallen (vgl. ebenso Münzel et al. 2019).

Ebenfalls eine Einteilung in Kundensegmente nimmt Schaefers (Schaefers 2013) vor. Er gliedert nach Nutzungsmotiven und fasst die Kunden in vier Gruppen zusammen: Die (1) Wertorientierten, die durch Carsharing ihre Mobilitätskosten in

Bezug auf ein Fahrzeug senken, die (2) Pragmatiker, für sie besteht der Wert der Dienstleistung in der Bequemlichkeit und Zeitersparnis, die (3) Lifestyle orientierten, sie nutzen das Fahrzeug als Ausdrucksmittel ihrer individuellen Einstellungen, sowie die (4) Umweltbewussten, jene Gruppe, die versuchen, ihre Mobilität so nachhaltig wie möglich zu gestalten.

Anhand der hier vorgestellten Studienergebnisse zu den Einstellungen und Nutzungsmotiven lässt sich zumindest festhalten, dass allein die Carsharing-Nutzung noch nicht für eine nachhaltige Mobilität steht. Nur zusammen mit der Einstellung der Kunden gegenüber einer umweltverträglicheren Verkehrsmittelnutzung kann Carsharing eine Wirkung entfalten. Für diese Personengruppe ist Carsharing als ein Instrument zu sehen, das sie als Baustein einer multimodal organisierten Mobilität nutzen und das ihnen in Kombination mit anderen Alternativen eine nachhaltigere Fortbewegung ermöglicht (Ramos et al. 2020: 9).

5.3 Shared Micro-Mobility

Micro-Mobility steht für die Fortbewegung mit kleinen Fahrzeugen, zum Teil mit einem elektrischen Hilfsmotor – also Fahrrad, E-Bike oder Elektro-Scooter (vgl. etwa Avetisyan et al. 2022). Daran angelehnt wird für die geteilte Nutzung dieser Fahrzeuge hier der Begriff *Shared Micro-Mobility* verwendet (vgl. ebenso Shaheen et al. 2020).

> Definition: Shared Micro-Mobility bezeichnet die gemeinschaftliche Nutzung von Fahrrädern, E-Bikes oder E-Scootern und wird von Unternehmen als dezentrale, kommerzielle Dienstleistung angeboten. Die Kunden von Shared Micro-Mobility können die im öffentlichen Raum bereitgestellten Fahrzeuge gegen eine Gebühr für eigene Fahrten nutzen.

Bike-Sharing, die gemeinschaftliche Nutzung von Fahrrädern, ist der Ursprung der *Shared Micro Mobility*. In vielen Städten wurden und wird Bike-Sharing angeboten. Mit dem Aufkommen preiswerter Elektroroller (E-Scooter) ist eine neue Fahrzeugkategorie auf den Markt gekommen. Sharing-Unternehmen erkannten schnell das Potenzial dieser Fahrzeuge für die *Shared Micro-Mobility* und brachten sie neben den Fahrrädern zur gemeinschaftlichen Nutzung in die Städte.

5.3.1 Bike-Sharing

Bike-Sharing als ein Konzept zur Verbesserung der Mobilität in der Stadt, als eine gemeinschaftliche Nutzung von Fahrrädern, basiert auf einer Idee früher Umweltbewegungen. Fahrräder sollten für die Allgemeinheit frei verfügbar in der Stadt vorhanden sein, jeder sollte sie nutzen können. Eine erste Flotte von 50 Fahrrädern wurde im Jahr 1965 in Amsterdam verteilt, gefolgt von La Rochelle in Frankreich im Jahr 1974 und Cambridge in Großbritannien im Jahr 1993 mit 300 Fahrrädern (Shaheen et al. 2010).

Rückblick: In Amsterdam, im Jahr 1965, rief die Aktivistengruppe Provos den Witte Fietsenplan (White Bike Plan) ins Leben. Initiator war Luud Schimmelpennink, ein Umwelt- und Sozialaktivist. Er wollte der zu der Zeit im vollen Gange befindlichen Massenmotorisierung einen Gegenpol setzen. Sein Plan bestand darin, Fahrräder für alle Menschen frei zugänglich bereitzustellen, ohne Schloss, sozusagen als Gemeingut. Die Aktion umfasste 50 weiß lackierte Fahrräder, die im Amsterdamer Stadtgebiet verteilt wurden und von jedem genutzt werden konnten. Die Fahrräder wurden jedoch zunehmend gestohlen und durch Vandalismus beschädigt. Zudem sammelte die Polizei die Fahrräder mit der Begründung ein, sie würden Diebstähle provozieren. So scheiterte der Plan in Amsterdam, das Fahrrad zum Gemeingut zu machen, bereits kurz nach seiner Einführung. Durch die Aktion wurden allerdings die weißen Fahrräder zu einem Sinnbild der Zeit, zu einer Ikone der Gegenkultur. So ließen sich John Lennon und Yoko Ono im Jahr 1969 in einem Amsterdamer Hotelzimmer während ihres als *bed-in* genannten Protestes für den Frieden mit einem der weißen Fahrräder fotografieren (Ploeger und Oldenziel 2020).

Das Leihradsystem der Anfangsjahre war die erste von mittlerweile vier Bike-Sharing Generationen (vgl. ◘ Tab. 5.5). In Kopenhagen, Dänemark, versuchte man das Problem der Diebstähle mit festen Stationen zu begegnen. Im Jahr 1995 führte

◘ **Tab. 5.5** Vier Generationen von Bike-Sharing-Systemen

Bike-Sharing-Generation	Bestandteile	Merkmale
1. Generation	Fahrrad	– markant lackierte Räder – ungeordnetes Abstellen der Räder – unverschlossen, frei zugänglich – keine Nutzungsgebühr (freie Verfügbarkeit)
2. Generation	Fahrrad und Station	– markant lackierte Räder oder eigenes Design – Ausleihe an festen Stationen – mit Schließsystem versehen
3. Generation	Fahrrad, Station sowie Terminal für Ausleihe und Bezahlung	– markant lackierte Räder oder eigenes Design und/oder Marketing – Ausleihe an festen Stationen – Ein- und Ausbuchen, Abrechnung über Schließsystem mittels Magnetstreifenkarten – Einsatz von Diebstahlsicherungen – Identitätsüberprüfung der Kunden – ausgereiftes Gebührensystem – erste Smartphone-Applikationen
4. Generation	Fahrrad, Station (teilweise mit Terminal) sowie technisches Hintergrundsystem, Smartphone-Applikation zur Abwicklung des Leihvorgangs, System zur Fahrradverteilung	– Smartphone-Applikationen – verbesserte Schließmechanismen zur Verhinderung von Diebstahl – teilweise Ticketsäulen mit Touchscreens – Integration mit öffentlichen Verkehrsmitteln – Prozesse weitgehend digitalisiert – Frontend für Kunden mittels Smartphone-Applikation

die Stadt 1100 Fahrräder ein, die an Stationen mit einem über Münzen betriebenen Pfandsystem entliehen werden konnten (vergleichbar mit den heutigen Systemen für Einkaufswägen an Supermärkten). Von Kopenhagen ausgehend übernahmen eine Reihe weiterer europäischer Großstädte das System. Der Betrieb dieser zweiten Generation blieb allerdings kostenintensiv und die Diebstähle nahmen nur unwesentlich ab. Die dritte Generation führte eine Nutzendenregistrierung ein. Über Terminals an den Stationen konnten registrierte Kundinnen und Kunden die Fahrräder ausleihen. Die Terminals erlaubten erstmals auch eine zeitabhängige Abrechnung von Nutzungsgebühren. Mobiles Internet, GPS-Positionserfassung und mobile Endgeräte bilden die technische Grundlage für die vierte Generation. Ob an Stationen oder freefloating, die Fahrräder werden nun über Applikationen geortet, gebucht und entsperrt (Shaheen et al. 2010: 162).

Mit jeder Generation hat die Popularität von Bike-Sharing zugenommen. Mittlerweile gibt es auf allen Kontinenten in so gut wie jeder Großstadt eigene Bike-Sharing-Systeme. Neben einer Reihe von lokal oder regional agierenden Unternehmen, haben sich einige Dienstleister zu internationalen Konzernen entwickelt, die Bike-Sharing im globalen Maßstab betreiben.

Besonders hervorzuheben ist der Markt in China. Ab dem Jahr 2015 wurden landesweit in rascher Folge Bike-Sharing-Systeme auf den Markt gebracht. Dabei fing auch hier die Entwicklung zunächst klein an. Studierende der Universität Peking gründeten das Campus-Projekt *ofo,* das erste System in China mit 200 wiederaufbereiteten Fahrrädern. Als finanzkräftige Investoren den Bike-Sharing-Markt für sich entdeckten, explodierte die Entwicklung förmlich. Mit Risikokapital waren die Anbieter in der Lage, massenhaft Fahrräder in die Städte zu bringen. Für die Nutzerinnen und Nutzer waren die Systeme zunächst komfortabel – der Verdrängungswettbewerb sorgte für niedrige Preise, die Nutzung der freefloating Systeme ist einfach, es sind viele Fahrräder verfügbar, die Rückgabe ist unkompliziert und überall möglich. Die große Anzahl der Fahrräder führte jedoch zu Problemen: Das Abstellen der Fahrräder im öffentlichen Raum war unkontrollierbar, es kam zu einer regelrechten Vermüllung der Städte. Die Anbieter hatten die Kosten für die Wartung und den Ersatz der Fahrzeugflotte unterschätzt. Einige der in der Markteintrittsphase erfolgreichen Unternehmen mussten Insolvenz anmelden. Nach 2020 hat sich der Markt in China etwas entspannt, die Zahl der Anbieter hat sich reduziert und ihre Geschäftsmodelle sind aufgrund der gemachten Erfahrungen robuster (Han et al. 2022).

Bike-Sharing-Systeme sehen sich heute einer wachsenden Konkurrenz durch E-Scooter gegenüber. Viele Bike-Sharing-Anbieter haben ihr Portfolio um E-Scooter erweitert, um auch in diesem Marktsegment präsent zu sein. Absehbar ist eine Entwicklung, bei der die E-Scooter das Bike-Sharing stark einschränken, wenn nicht sogar verdrängen.

Formen und Merkmale des Bike-Sharings

Genau wie beim Carsharing existieren im Bike-Sharing zwei Formen – das stationsgebundene und das stationslose (freefloating) Bike-Sharing (vgl. folgend Agora Verkehrswende 2018).

Kern der stationsgebundenen Systeme sind die Leihstationen. Dabei handelt es sich um technische Einrichtungen, vergleichbar mit Fahrradständern, an denen die

Fahrräder angeschlossen werden. Im Entleihprozess geben die Stationen die Fahrräder für die Kunden frei. Die Fahrräder müssen wieder zu einer Station zurückgebracht werden, erst dann ist der Entleihvorgang beendet. Anders als beim Carsharing kann es jedoch an jeder anderen Station des Anbieters abgegeben werden. Das Fahrrad muss nicht an die Station zurückgebracht werden, an der das Fahrrad entliehen wurde. Damit sind Einwegfahrten möglich, wenn auch in begrenztem Umfang. Die Stationen sind planbar und daher gut in die Stadtstruktur integrierbar. Sie können etwa an Orten mit hohem Verkehrsaufkommen und in der Nähe von Haltestellen des öffentlichen Verkehrs platziert werden. Sie beanspruchen Platz für die technischen Anlagen für circa fünf bis zehn Räder, je nach Größe der Station.

Beim stationslosen oder freefloating Bike-Sharing stellen Anbieter ihre Fahrräder ohne feste Stationen im öffentlichen Straßenraum zur Verfügung. Im Vergleich zu den stationsgebundenen Systemen sind die Flottengrößen dieser Anbieter deutlich größer. Im Rahmen des freefloating Bike-Sharings können Kunden das Fahrrad innerhalb eines definierten Bediengebietes an jedem geeigneten Ort abstellen. Diese stationslose Rückgabe verursacht einen der Hauptkritikpunkte an das freefloating Bike-Sharing: Oft werden die Fahrräder an ungünstigen Orten hinterlassen und blockieren Geh- und Radwege.

Um das Abstellen zumindest in einem gewissen Umfang zu regulieren und die negativen Auswirkungen eines unkontrollierten Abstellens der Räder zu begegnen, hat sich eine Mischform aus stationsgebundenem und freefloating Bike-Sharing herausgebildet. Hier definiert der Anbieter sogenannte Rückgabezonen. Rückgabezonen sind räumlich begrenzte Bereiche, in denen Fahrräder abgestellt werden sollen, die aber nicht wie bei stationsgebundenen Systemen mit weiteren technischen Einrichtungen versehen sind. Die Kunden können die Zonen über die Applikation des Anbieters finden, gelegentlich sind sie mit Schildern markiert. Über die GPS-Positionserfassung der Fahrräder kontrolliert der Anbieter, ob ein Ausleihvorgang in der Nähe einer Rückgabezone beendet wurde oder ob sich das Fahrrad außerhalb der Abstellzone befindet. Um die Kunden zu motivieren, ihre Fahrräder in den Zonen abzustellen, verlangen die Anbieter in der Regel eine Gebühr, wenn sie sich nicht daran halten.

Bei allen Formen des Bike-Sharing werden technisch einfache, weitgehend wartungsarme Fahrräder mit möglichst geringen Anschaffungskosten eingesetzt. So sind die Reifen häufig aus Vollgummi. Auch die Gangschaltung ist einfach und robust.

Allen Systemen der vierten Generation gemeinsam ist die Abwicklung der Nutzung über Applikationen für mobile Endgeräte – sie vereinen Registrierung und Buchung, Übersicht über den laufenden Verleih und den Bezahlvorgang sowie die Verwaltung des Nutzungskontos. Über eine Kartenanwendung können Kundinnen und Kunden die Informationen zu den Standorten der Fahrräder, Stationen und gegebenenfalls Rückgabezonen abrufen.

Geschäftsprinzip

Es bestehen weiterhin Initiativen, die kostenfreies Bike-Sharing ermöglichen. Wie in den Anfängen werden sie von Vereinen und Initiativen organisiert, die dem motorisierten Individualverkehr eine nachhaltige Alternative gegenüberstellen (siehe Lastenradinitiativen weiter unten) oder sozial benachteiligten Gruppen einen Zugang zu Fahrrädern ermöglichen wollen. Bei diesen Initiativen handelt es sich ausschließlich um Nischenangebote – den Markt dominieren kommerzielle Anbieter.

Das Geschäftsmodell der kommerziellen Anbieter ist ihrer Natur nach auf Profit ausgerichtet. Si et al. (2021) beschreiben ein Geschäftsmodell des Bike-Sharings, das aus Wertschöpfung (Value creation), Wertbeitrag (Value delivery) und Wertsteigerung (Value capture) besteht (◘ Abb. 5.5).

Der Mehrwert für die Kundinnen und Kunden liegt in der Bereitstellung einer kostengünstigen, bequemen und effektiven Lösung für die Punkt-zu-Punkt Verbindung auf der Kurzstrecke in der Stadt. Diese bequeme Art der Fortbewegung und die hohe Verfügbarkeit haben dazu geführt, dass sich insbesondere die freefloating Systeme rasch entwickelt haben. Hinsichtlich der Technik haben sich die Anbieter in der Vergangenheit vorwiegend auf einen einfachen Buchungsprozess über ihre Applikationen konzentriert. Im nächsten Schritt gilt es, die Entwicklung auf die Fahrräder auszudehnen und das Fahrerlebnis für die Kunden bequemer zu gestalten. Ein Ansatz besteht etwa in der Erweiterung der Flotte um E-Bikes. Die externe Organisation zielt auf eine engere Kooperation mit den Kommunen. Durch eine Gestaltung des Angebotes zusammen mit den Kommunen, kann es den Dienstleistern gelingen, ihr System auf die Anforderungen der Stadt abzustimmen – etwa hinsichtlich der Flottengrößen, Standorte der Stationen, Beseitigung von Konflikten, Verknüpfung mit dem öffentlichen Verkehr. Nach Si et al. (2021) können Anbieter durch Eigenschaften wie Personalisierung, gemeinsame Nutzung von Vermögenswerten, weitere Anpassung der nutzungsbasierten Preisgestaltung, Schaffung eines Ökosystems im Sharing-Markt einen Mehrwert erzielen. Die Idee eines geschlossenen Ökosystems setzen einige Anbieter bereits um. Sie erweitern ihr Angebot um einen E-Scooter-Verleih und ergänzen ihr Portfolio damit um weitere Verkehrsmittel.

Anwendungsfelder

Neben den klassischen Anwendungsfällen des Bike-Sharings, die in der Regel auf den Alltagsverkehr ausgerichtet sind, gibt es eine Reihe von Anwendungsfeldern, die auf spezifische Zielgruppen oder Bedürfnisse ausgerichtet sind. Diese Anwendungsfelder sind zumeist regional begrenzt oder verfolgen ein eigenes Geschäftskonzept:

1. *Tourismus:* Manche Tourismusregionen verfügen über ein eigenes Fahrradverleihsystem, das an das stationsbasierte Bike-Sharing Modell angelehnt ist. Das touristisch orientierte Bike-Sharing richtet sich in erster Linie an die Besucherinnen und Besucher einer Region. Ihnen soll eine einfache Fahrradausleihe ermöglicht werden, damit sie Freizeitaktivitäten nachgehen können. Die Akteure

◘ **Abb. 5.5** Transformatives Geschäftsmodell von Bike-Sharing Anbietern

verfolgen damit eine Aufwertung der Region hinsichtlich touristischer Aktivitäten und damit eine Attraktivitätssteigerung. Die Räder fügen sich in das Tourismusmarketing ein und sind entsprechend der jeweiligen Regionsmarke gestaltet. Initiatoren des Angebotes sind oft die Kommunen oder Tourismusgesellschaften. Sie beteiligen sich auch an der Finanzierung. Das touristisch orientierte Bike-Sharing bedient die Einzelnachfrage einer engen Zielgruppe.

2. *Bike-Sharing für Pendlerinnen und Pendler:* Das Bike-Sharing für Pendlerinnen und Pendler ist als intermodales Angebot ausgelegt. Pendlerinnen und Pendler sollen von Bahnhöfen, Bus- und S-Bahn-Haltestellen mit dem Bike-Sharing zur Arbeit fahren können. Die Stationen sind entsprechend der Zielgruppe in Gewerbegebieten sowohl an den Haltestellen des öffentlichen Verkehrs als auch an den Arbeitsstätten positioniert. Die Bike-Sharing Anbieter kooperieren mit den Kommunen und den in Gewerbegebieten angesiedelten Unternehmen. Manche dieser Modelle sehen eine finanzielle Beteiligung der Unternehmen vor, damit das Angebot wirtschaftlich betrieben werden kann. Beteiligen sich Unternehmen an den Systemen, erhalten sie eine Gegenleistung in Form von Freiminutenkontingente zur Nutzung der Fahrräder. Insgesamt versteht sich Bike-Sharing für Pendlerinnen und Pendler als ein Beitrag zur nachhaltigen Gestaltung des Arbeitsweges.

3. *Bike-Sharing und öffentlicher Verkehr:* Bike-Sharing wird als ideale Ergänzung zum öffentlichen Verkehr auf der sogenannten ersten und letzten Meile verstanden. Der Weg zur nächsten Haltestelle wird als erste Meile, der Weg vom Ausstieg zum eigentlichen Ziel als letzte Meile bezeichnet. Bei einer geringen Haltestellendichte dient das Fahrrad als Zubringer zum öffentlichen Verkehr, auch kann es die letzte Meile überbrücken. Aus diesem Systemgedanken heraus betreiben einige Unternehmen des öffentlichen Verkehrs eigene Bike-Sharing-Systeme. Sie ergänzen damit ihr Angebot und bieten ihren Fahrgästen eine Komplementärdienstleistung. Darüber hinaus nutzen die Unternehmen des öffentlichen Verkehrs das Bike-Sharing als Marketinginstrument. Zum einen wird die eigene Marke durch entsprechend gestalteter Fahrräder im Stadtbild präsenter. Andererseits können Inhaber von Zeitkarten bei der Nutzung von Bike-Sharing Vergünstigungen in Anspruch nehmen, beispielsweise ein Freiminutenkontingent für die Fahrradausleihe. Diese Vergünstigungen dienen der Kundenbindung.

4. *Lastenradverleih:* Um die Lücke auch beim Transport von kleineren Lasten zu schließen, hat sich der Verleih von Lastenrädern herausgebildet. Die Lastenräder werden überwiegend für den Einkauf oder für Freizeitfahrten genutzt. Es gibt einige wenige kommerzielle Anbieter in diesem Bereich, getragen wird der Lastenradverleih in Deutschland jedoch von privat organisierten Initiativen auf ehrenamtlicher Basis. Dabei handelt es sich in der Regel um einen Zusammenschluss von Personen oder um Vereine, die dem Automobil eine Alternative zum Transport kleinerer Lasten entgegenstellen wollen. Mitte des Jahres 2023 führte die Agentur cargobike.jetzt insgesamt 167 Kommunen auf, in denen 210 Sharing-Angebote von Lastenradinitiativen betrieben werden (cargobike.jetzt 2023).

▶ Praxisbeispiel

Erfurts langersehntes Lastenrad (Ella) ist eine freie, ehrenamtlich organisierte Lastenradinitiative in der Landeshauptstadt Erfurt, Thüringen. Die Initiative startete im Jahr 2015 mit einer Crowdfunding-Aktion. Mit den Spenden konnte ein erstes Lastenrad finanziert werden. Mittlerweile verfügt Ella über fünf Lastenräder unterschiedlicher Bauart und einen elektrischen Lastenanhänger. Nutzerinnen und Nutzer können die Lastenräder nach einer Registrierung für bis zu fünf Tage reservieren und kostenlos nutzen. Die Lastenradstationen werden von Partnern betrieben. Dabei handelt es sich meist um lokale Geschäfte, die sich mit der Idee identifizieren und die Initiative unterstützen. Die lokalen Partner geben die Räder aus und nehmen sie wieder zurück, prüfen die Funktionsfähigkeit und kümmern sich um Wartung und kleinere Reparaturen. ◀

Bike-Sharing in der Kritik

Im kommerziellen Bereich bedienen Bike-Sharing Dienstleister ein äußerst preissensibles Marktsegment mit ausgeprägtem Wettbewerb. Hinzu kommt die Notwendigkeit der Verfügbarkeit der Fahrräder in unmittelbarer Nähe der Kundengruppen. Dadurch sind einerseits die Gewinnmargen gering und andererseits die Bereitstellungskosten hoch. Zudem steigen die Kosten für Wartung und Ersatz überproportional mit der Flottengröße. Bike-Sharing rechnet sich als kommerzielle Dienstleistung nur an solchen Standorten, die eine hohe Nachfrage aufweisen. Dies sind in erster Linie die Innenstadtlagen der Großstädte.

Auf dem Markt in China haben sich die Anbieter in der Hochlaufphase mit Wagniskapital finanziert. Sie brachten massenhaft Fahrräder auf den Markt, es herrschte ein von Investoren angetriebener und kaum regulierter Verdrängungswettbewerb. Das führte zu einer regelrechten Explosion an Bike-Sharing Fahrrädern in den größeren Städten. Jedoch blieben die Gewinne aus. Zum einen wurde das Marktpotenzial überschätzt und der Markt war rasch gesättigt, zum anderen wuchsen die Kosten für Wartung und Ersatz der Fahrräder überproportional. Inzwischen hat sich der Bike-Sharing Markt in China etwas bereinigt (Si et al. 2021). Geblieben ist dennoch einer der aktivsten und ausgedehntesten Bike-Sharing Märkte weltweit.

Die schwierige Monetarisierung der Dienstleistung dürfte ein Grund dafür sein, dass einige Bike-Sharing-Anbieter ihr Geschäftsmodell verändert haben: Weniger die Vermietung der Fahrräder steht im Vordergrund, sondern die über die Vermietung gewonnenen Nutzungsdaten bilden die Geschäftsgrundlage (Ma 2020). Die Vermarktung der Daten der Nutzenden hat ihren Ursprung bei Anbietern aus China. Diese, wie alle Anbieter, verfügen über einen reichhaltigen Datenfundus – Bewegungsprofile, Zahlungsdaten, Adressen und ähnliches mehr. Diese Daten setzen einige Anbieter ein, um Profit zu generieren. Kunden, die die Daten oder darauf basierende Analysen erwerben, sind Kommunen, Werbetreibende oder Versicherungen (Spinney und Lin 2018). Inwieweit eine Monetarisierung von Nutzungsdaten von Anbietern betrieben wird, die in Deutschland aktiv sind, ist weitgehend unklar. Zumindest ist die Verwendung der Daten durch die Datenschutzgrundverordnung abgedeckt, sodass grundsätzlich die Nutzerinnen und Nutzer über die Verarbeitung informiert werden müssen und ein Verstoß dagegen geahndet werden kann.

Im freefloating Betrieb treten immer wieder Probleme mit falsch abgestellten Fahrrädern auf. Diese Fahrräder blockieren Gehwege und behindern Menschen, die zu Fuß unterwegs sind. Je mehr Leihräder in einer Stadt vorhanden sind, desto größer ist das Problem. Auch Vandalismus stellt Kommunen und Unternehmen vor Herausforderungen. Wenn das Sharing-System keine Station hat, in der die abgestellten Fahrzeuge fest verschlossen sind, werden sie auf der Straße verstreut, in Büsche und Flüsse geworfen.

Insofern stehen die Kommunen vor der Frage, inwieweit ein Bike-Sharing Angebot möglichst verträglich für die Stadt betrieben werden kann. Es besteht weitgehend Konsens darüber, dass eine Regulierung der Dienstleistung notwendig ist. Die Kommunen sind gefordert, Kriterien aufzustellen, die es den Anbietern erlauben, ihre Dienstleistung wirtschaftlich anzubieten, sie jedoch zugleich so weit beschränkt, dass die negativen Effekte minimiert werden. Das kann über Vorgaben für die Flottengröße erfolgen, über Mindeststandards, Regeln für zulässige und unzulässige Parkflächen oder der Begrenzung der Konzentration von Rädern an einem Standort (Agora Verkehrswende 2018). Damit der Nutzen und der Beitrag zu einer nachhaltigen Mobilität nicht durch negative Begleiteffekte aufgehoben werden, kommt den Kommunen daher einmal mehr die Aufgabe zu, eine Verkehrsdienstleistung zu regulieren.

5.3.2 E-Scooter Sharing

Bereits zu Beginn des 20. Jahrhunderts wurde der motorbetriebene Tretroller entwickelt, blieb aber in der Verkehrsgeschichte eine Randerscheinung (Engelskirchen 2005: 65). Noch als Kinderfahrzeug, folgte im Jahr 2003 der erste elektrisch angetriebene Scooter, der bereits alle Eigenschaften der heute gängigen Fahrzeuge aufwies. Durch die Weiterentwicklung der Konstruktion, Antriebs- und Batterietechnik, der Verbreitung mobiler Endgeräte und der allgegenwärtigen Verfügbarkeit des Internets haben Dienstleister sie für die *Shared Micro-Mobility* entdeckt.

Das erste E-Scooter Sharing System wurde 2017 von der US-Firma Bird mit zehn Fahrzeugen in Santa Monica, USA, gestartet (Schellong et al. 2019). Das Unternehmen ermöglichte seinen Kunden erstmals die Anmietung von Elektro-Rollern über eine Smartphone-Applikation. Das System war erfolgreich, verbreitete sich schnell und ebnete den Weg für E-Scooter Sharing weltweit. Das System war erfolgreich, verbreitete sich schnell und ebnete den Weg für E-Scooter Sharing weltweit. Neben Bird gehören heute Lime, Voi und Tier zu den größten Anbietern.

In Deutschland war der Betrieb von E-Scootern im Straßenverkehr lange Zeit ungeregelt. Erst mit dem Inkrafttreten der Elektrokleinstfahrzeuge-Verordnung (eKFV) im Juni 2019 hat der Gesetzgeber die Voraussetzungen für deren Teilnahme im Straßenverkehr geschaffen (Huppertz 2019). Diese Verordnung markiert den Startschuss für E-Scooter Sharing in Deutschland: Unmittelbar nach Inkrafttreten startete das erste kommerzielle Unternehmen. Seitdem ist E-Scooter Sharing auch hierzulande stark gewachsen und weitere Unternehmen sind in den Markt eingetreten.

Nach der weitgehenden Sättigung der Märkte in den Großstädten ist ein Trend zur Markteinführung in mittleren und kleineren Städten zu beobachten. Somit kann inzwischen von einer weitgehenden Diffusion des E-Scooter Sharing gesprochen werden. Da sich viele Menschen aufgrund von Abstands- und Hygienevorschriften entschieden haben, auf individuelle Verkehrsmittel umzusteigen, hat die Corona-Pandemie in den Jahren 2020 und 2021 das Wachstum verstärkt (vgl. Dias et al. 2021).

5

Geschäftsprinzip

Das Geschäftsprinzip des E-Scooter Sharing ist vergleichbar mit dem des Bike-Sharings. Unternehmen ermöglichen es ihren Kundinnen und Kunden, E-Scooter für kurze Strecken innerhalb der Stadt zu mieten. Dazu stellen sie die Fahrzeuge im öffentlichen Straßenraum zur Verfügung. Auch beim E-Scooter Sharing gibt es stationsbasierte Systeme, am weitesten verbreitet ist jedoch das freefloating Sharing.

Die E-Scooter sind mit einer GPS-Positionserfassung ausgestattet, einerseits damit die Nutzenden den Standort eines verfügbaren Fahrzeuges finden und anderseits die Unternehmen sicherstellen können, dass die Fahrzeuge nicht außerhalb des definierten Geschäftsgebietes genutzt werden.

Voraussetzung für die Dienstleistung ist ein technisches Hintergrundsystem, das die Ausleihe koordiniert, die Standorte ermittelt sowie die Fahrt bei den Kundinnen und Kunden abrechnet. Das Hintergrundsystem besteht aus:

1. *Smartphone-Applikation:* Eine Smartphone-Applikation ist die Schnittstelle zum Kunden. Über diese werden die Standorte von verfügbaren E-Scootern ausgegeben und Informationen bereitgestellt, wie Ausleihdauer, Gebührenstand oder Batterieladezustand. Mittels der Applikation entsperrt der Kunde das Fahrzeug und beendet nach der Fahrt beendet den Mietvorgang.
2. *Sensorik und satellitenbasierte Positionsbestimmung:* Die E-Scooter sind mit Sensoren und GPS ausgestattet, um ihre Position, Geschwindigkeit und andere technische Kennzahlen zu erfassen. Die Daten werden an das Hintergrundsystem übertragen, das die E-Scooter in Echtzeit verfolgt und die Daten laufend auswertet.
3. *Nutzendenverwaltung:* Die Nutzerverwaltung umfasst die Verwaltung der Kundenkonten, die Abrechnung und mögliche Sanktionen bei Verstößen gegen die Nutzungsregeln.
4. *Analytik:* Analysesysteme verarbeiten die Daten, die von den E-Scootern sowie Kunden generiert werden und generieren daraus Erkenntnisse für den Betrieb und die Weiterentwicklung der Dienstleistung. Die Analyseergebnisse tragen dazu bei, die Auslastung der E-Scooter zu optimieren, die Effektivität von Marketingkampagnen zu messen oder die Kundenzufriedenheit zu verbessern.

Um die passende Anzahl an E-Scootern für ein Geschäftsgebiet abzuschätzen, bestehende Wegebeziehungen zu identifizieren und eine Nachfrage anzuregen, starten die Unternehmen gelegentlich einen Testbetrieb. Sie fluten mit ihren Fahrzeugen regelrecht einen Stadtteil und beobachten das Nutzungsverhalten über einen definierten Zeitraum. Die dabei gewonnenen Daten über die Ausleihvorgänge, der Fahrtdauer sowie den Start- und Endpunkten ermöglichen eine detaillierte Analyse des Nachfrageverhaltens und der Potenziale. Mit diesen Erkenntnissen passen sie ihr Angebot hinsichtlich der Anzahl und Verteilung der Fahrzeuge an die ermittelten Nachfragepotenziale an (vgl. Ham et al. 2021).

In der Regel verlangen die Unternehmen eine Grund- oder Startgebühr sowie eine Gebühr pro Minute für die Fahrt mit einem E-Scooter. Die Abrechnung erfolgt automatisch, der Betrag wird vom hinterlegten Zahlungsmittel abgebucht. Die Nutzungsgebühren variieren je nach Unternehmen und Standort, sind jedoch oft preiswerter als Einzelfahrten im öffentlichen Verkehr. Dennoch werden die Preise teilweise von den Kundinnen und Kunden als zu hoch empfunden. Hinzu kommt die Abrechnung ausschließlich über digitale Zahlungsmethoden. Beides hat zur Kritik geführt, dass es sich hierbei um eine Verkehrsoption handelt, die Randgruppen systematisch ausschließt (Bai und Jiao 2021: 3).

Regulierung und Vorgaben der Kommunen

Mit dem E-Scooter Sharing ist ein weiteres, neues Verkehrssystem in die Innenstädte gekommen. Bei der Einführung der ersten E-Scooter Sharing Dienste konnten die Kommunen auf keine Erfahrungen im Umgang mit den Unternehmen zurückgreifen. Die Städte waren auf die Anzahl der Fahrzeuge nicht vorbereitet, die Flächenkonkurrenz nahm zu und die Kommunen sahen sich mit Konflikten zwischen den Verkehrsteilnehmern konfrontiert. Es stellte sich rasch heraus, dass eine Regulierung notwendig wurde (für die USA siehe Shaheen und Cohen 2019; für die EU siehe Twisse 2020).

In Deutschland haben die Kommunen gemäß dem Straßenverkehrsrecht zwei Möglichkeiten, mit dem E-Scooter Sharing im öffentlichen Raum umzugehen: Erstens können sie die Verleihsysteme einordnen als *erlaubnisfreien Gemeingebrauch* oder zweitens als *genehmigungspflichtige Sondernutzung* (vgl. folgend Bauer et al. 2022; Nadkarni 2020).

In der Markthochlaufphase ließen die meisten Kommunen die Verleihsysteme im Rahmen des erlaubnisfreien Gemeingebrauchs zu, verlangten allerdings vom Unternehmen eine freiwillige Selbstverpflichtung. Die Selbstverpflichtungen enthalten Absprachen hinsichtlich des Einsatzgebietes, der Flottengröße oder der Kontrolle von Abstellorten. Gestatten die Kommunen den Betrieb im Zuge des erlaubnisfreien Gemeingebrauchs, können sie keine Gebühren vom Anbieter verlangen, auch eine Beschränkung der Zahl der Anbieter ist nicht möglich.

Anders verhält es sich bei einer erlaubnispflichtigen Sondernutzung. Immer mehr Kommunen sind auf die Sondernutzung übergegangen, da sie die Verpflichtungen der Unternehmen nicht im ausreichenden Maße erfüllt sahen. Die Sondernutzung bedarf der Erlaubnis, sie ermöglicht den Kommunen, die Nutzung des öffentlichen Straßenraumes mit Auflagen zu verbinden. Beim E-Scooter Sharing sind es Auflagen wie:

- Zahlung von Gebühren an die Kommune
- Festlegung von Geschäftsgebieten und Verbotszonen
- Begrenzung der Fahrzeuganzahl,
- Festlegung bezüglich des Abstellens der Fahrzeuge
- Reaktionsfristen und das Gebot zum Umstellen nicht genutzter Fahrzeuge (Bauer et al. 2018: 33)

Wenn eine Stadt die Zahl der Anbieter begrenzen möchte, ist sie verpflichtet, ein Auswahlverfahren oder eine Ausschreibung durchzuführen. Die Kriterien zur Auswahl legt die Kommune fest. Diese Kriterien umfassen in der Regel Mindestanforderungen, die ein Dienstleister erfüllen muss, sowie Auswahlkriterien, anhand derer die Leistungsfähigkeit der Dienstleister verglichen wird. Obwohl ein solches Verfahren für die Unternehmen zunächst aufwendig ist, können sie bei erfolgreicher Teilnahme auf einem Markt mit begrenztem Wettbewerb tätig werden.

5

> ▶ **Praxisbeispiel**
>
> Die Stadt Köln gestattet den E-Scooter Sharing Unternehmen die Nutzung des öffentlichen Straßenraumes im Rahmen einer erlaubnispflichtigen Sondernutzung. Wegen der zunehmenden Inanspruchnahme des öffentlichen Raumes durch die E-Scooter und den damit verbundenen Konflikten regelt die Stadt die Nutzung in ihrer „Satzung der Stadt Köln über Erlaubnisse und Gebühren für Sondernutzungen an öffentlichen Straßen" (Stadt Köln 2022). Die Erteilung der Genehmigung ist an verschiedene Kriterien geknüpft, wie Fahrzeugkontingente und eine Begrenzung der Anzahl der Anbieter. Die Kontingente können sich auf definierte räumliche Bereiche innerhalb des Stadtgebietes beziehen. Die Satzung regelt auch die Erhebung von Gebühren. Diese Gebühren sind als Gegenleistung für die Einschränkung des Gemeingebrauchs und für die wirtschaftlichen Vorteile des Anbieters zu verstehen. So erhebt die Stadt Köln im Verleihsysteme für Elektrokleinstfahrzeuge eine Summe zwischen 85 und 130 € pro Fahrzeug und Jahr (Stand 2023). ◀

E-Scooter Sharing in der Kritik

In Bezug auf falsch abgestellte E-Scooter und Vandalismus gelten ähnliche Aussagen wie beim Bike-Sharing. Je größer die Fahrzeugflotte in einer Stadt, umso häufiger treten Probleme mit dem Parken der Fahrzeuge und Vandalismus auf. Eine Untersuchung zum Abstellverhalten der E-Scooter im Stadtgebiet von Berlin ergab, dass 67,5 % der erfassten Fahrzeuge störend, gefährlich oder regelwidrig abgestellt waren (FUSS e. V. 2022). Achtlos auf dem Gehweg abgestellte E-Scooter sind für alle Menschen zu Fuß ein Ärgernis, für Menschen mit Behinderungen können sie jedoch zu einem echten Hindernis oder sogar gefährlich werden.

Neben den abgestellten Fahrzeugen ist auch das Fahrverhalten einiger Nutzerinnen und Nutzer problematisch. Es kommt regelmäßig zu Verstößen gegen die Straßenverkehrsordnung, mit denen sich die Nutzenden selbst und andere Verkehrsteilnehmende gefährden. Ein unsicherer oder riskanter Fahrstil und das Missachten von Verkehrsregeln sind häufige Unfallursachen (Uluk et al. 2020). Neben dem Fahren zu zweit oder sogar zu dritt auf einem E-Scooter, werden regelmäßig Verstöße gegen das Rechtsfahrgebot beobachtet, Gehwegfahrten oder die Missachtung von Vorfahrt und Ampelsignalen. So entstehen Konflikte. Vor allem Menschen zu Fuß fühlen sich durch die Rücksichtslosigkeit mancher E-Scooter Nutzenden oder deren Geschwindigkeit gestört oder gefährdet.

Fahrten unter Einfluss von Alkohol scheinen ein besonderes Problem bei Kunden des E-Scooter Sharings zu sein – Trunkenheitsfahrten sind besonders ausgeprägt. Dabei gelten die gleichen Promillegrenzen wie beim Führen von Kraftfahrzeugen. Eine Auswertung der Blutalkoholkonzentration in Verbindung mit einer Gefährdung des Straßenverkehrs in der Stadt Hamburg aus den Jahren 2019 und 2020 ergab, dass der Mittelwert der gemessenen Werte bei kontrollierten E-Scooter-Fahrern, die unter Alkoholeinfluss standen, bei 1,3 Promille lag (Kähler et al. 2023).

Aus Sicht der Gestaltung einer nachhaltigen Mobilität ist anders als beim Bike-Sharing die Frage besonders relevant, welche Verkehrsmittel E-Scooter ersetzen – also die Frage, mit welchem Verkehrsmittel der Weg zurückgelegt worden wäre, wenn es den Scooter nicht gegeben hätte. Wenn der Elektroroller einen Beitrag zur nachhaltigen Mobilität leisten soll, muss ein Umstieg von kraftstoffbetriebenen Fahrzeugen erfolgen. Studien zeigen jedoch ein ambivalentes Bild (siehe ◘ Tab. 5.6

weiter unten): Die Scooter ersetzen häufig Wege, die anderenfalls zu Fuß zurückgelegt worden wären oder Fahrten im öffentlichen Verkehr. Das ist insofern ein Problem, als dass E-Scooter für die Fortbewegung ebenfalls Energie verbrauchen, auch die Herstellung und Entsorgung der Batterien ist keineswegs nachhaltig. Somit können E-Scooter nicht frei von Emissionen betrieben werden.

5.3.3 Shared Micro-Mobility für eine nachhaltige Mobilität

Sowohl Bike- als auch E-Scooter Sharing verstehen sich als komplementäre Verkehrssysteme, als eine Erweiterung der Facetten alternativer Angebote zum motorisierten Individualverkehr. Indem sie in der Stadt dem Automobil eine weitere Alternative gegenüberstellen, so die Hoffnung, fällt es den Menschen leichter, vom Auto auf nachhaltigere Verkehrsmittel umzusteigen. Aus diesem Gedanken heraus stellt sich die Frage, ob *Shared Micro-Mobility* einen Beitrag für eine nachhaltige Mobilität leistet und als Instrument einer nachhaltigen Stadtentwicklung gelten kann.

Reduzierung von Emissionen

Die Reduktion von Emissionen im Straßenverkehr durch die Nutzung von *Shared Micro-Mobility* hängt von der Verlagerung von anderen Fahrzeugen ab, insbesondere solchen, die mit Kraftstoff betrieben werden. Wenn Bike- und E-Scooter Sharing dazu führt, dass die Menschen von kraftstoffbetriebenen Fahrzeugen auf aktive Formen der Fortbewegung umsteigen, ist eine Reduktion von individuell verursachten Emissionen zu erwarten.

Für das Bike-Sharing kann eine positive Umweltbilanz festgestellt werden. Die Menschen, die Bike-Sharing nutzen, ersetzen zumeist Fahrten mit dem Bus, dem Auto oder dem Taxi, wodurch insgesamt die individuell verursachten Emissionen zurückgehen (vgl. etwa Zheng et al. 2019: 1). Qiu und He (2018) summieren die so eingesparten Emissionen für die Stadt Peking, China. Unter der Annahme, dass 75 % der mit Bike-Sharing zurückgelegten Distanzen die entsprechende Anzahl an Kilometer mit dem Auto ersetzen, errechnen sie eine jährliche Einsparung von 616.000 t an Treibhausgasen.

Anders verhält es sich beim E-Scooter Sharing, der Betrieb der Roller verbraucht Energie. Auch wenn die Emissionen pro Kilometer durch die elektrisch angetriebenen Scooter weit unter denen von kraftstoffbetriebenen Fahrzeugen liegen, handelt es sich um eine Form der Fortbewegung, die Treibhausgase verursacht. Insofern ist es erforderlich, genauer zu schauen, welche Verkehrsmittel die E-Scooter ersetzen. Reck et al. kommen in ihrer Studie zur Klimabilanz von E-Scooter Sharing zu dem Ergebnis, dass insgesamt sogar mehr Treibhausgase emittiert werden. So würden E-Scooter überwiegend Fahrten mit dem öffentlichen Verkehr, zu Fuß oder dem Fahrrad ersetzen. Den Mehreintrag beziffern sie auf 79 g CO_2 pro Personenkilometer.

In ihrer Betrachtung zur Nachhaltigkeit des E-Scooter Sharing beziehen Hollingsworth et al. (2019) nicht nur den Verbrauch von Energie für die Fortbewegung ein, sondern auch für die Produktion, Wartung und Entsorgung der Geräte und Batterien. Sie berechnen einen Ausstoß von 202 g CO_2 pro Personenkilometer. Der geringste Anteil dieser Emissionen entfällt auf die Fortbewegung, 50 % verursacht die Produktion der Roller und 43 % entfällt auf das tägliche Einsammeln der Roller für Wartung und Aufladung.

In ihrer Untersuchung zu den Wirkungen von E-Scooter Sharing auf die Entwicklung von Emissionen in Paris kommen de Bortoli und Christoforou (2020) zu einer ähnlichen Aussage. Sie stellen ebenfalls einen Verlagerungseffekt von emissionsarmer oder sogar emissionsfreier Fortbewegung fest, 60 % der Nutzerinnen und Nutzer steigen vom öffentlichen Verkehr und 22 % von Formen der aktiven Mobilität (zu Fuß/Fahrrad) um. Dadurch führt E-Scooter Sharing zu einem Anstieg von Treibhausgasemissionen. Sie schätzen die zusätzliche Summe an Treibhausgasen in Paris auf bis zu 13.000 t CO_2 pro Jahr (de Bortoli/Christoforou 2020: 8).

Sowohl die Untersuchung von Reck et al. als auch von de Bortoli und Christoforou (2020) widerlegen die allgemeine Annahme, dass E-Scooter Sharing generell einen positiven Effekt auf eine nachhaltige Mobilität hat.

Hinsichtlich der Wirkung von *Shared Micro-Mobility* auf eine mögliche Reduktion von Emissionen und damit auf eine nachhaltige Gestaltung von Mobilität ergibt sich somit ein geteiltes Bild: Bike-Sharing wirkt sich positiv auf die Umwelt aus, während E-Scooter-Sharing in Summe durchaus zu mehr Emissionen pro Personenkilometer führen kann.

Verkehrsmittelnutzung

Die Menschen, die *Shared Micro-Mobility* nutzen, haben eine zusätzliche Möglichkeit, sich fortzubewegen. Dadurch verändert sich ihre Verkehrsmittelnutzung. Der Verlagerungseffekt wird als Substitutionsrate beschrieben (vgl. entsprechender Abschnitt zum Carsharing in Abschn. 5.2.3). Die Substitutionsrate gibt an, zu wie viel Prozent die Fahrten eines anderen Verkehrsmittels ersetzt werden.

Die Kunden von Bike-Sharing-Systemen reduzieren die Nutzung aller anderen Verkehrsmittel, also öffentlicher Verkehr, Pkw, zu Fuß und Fahrten mit dem eigenen Fahrrad und mit dem Pkw (Ma et al. 2020: 11). Wobei die ermittelten Substitutionsraten hinsichtlich des motorisierten Individualverkehrs uneinheitlich ausfallen, sie reichen von 2 % (Fishman et al. 2014) über 19,8 % (Murphy und Usher 2015) bis hin zu 52 % (Martin und Shaheen 2014: 318). Die Zahlen gehen so weit auseinander, weil sich die Studien auf unterschiedliche Systeme an unterschiedlichen Orten beziehen. Die Substitution ist abhängig von der Art des Bike-Sharing-Systems, von der Siedlungsstruktur, dem Angeboten an alternativen Verkehrsmitteln und der vorherrschenden Mobilitätskultur (zu Mobilitätskultur siehe Götz et al. 2016).

Wenn das Bike-Sharing-System auf den öffentlichen Verkehr abgestimmt ist, die Stationen an Haltestellen liegen und Vergünstigungen für Fahrgäste angeboten werden, kann ein positiver Effekt für den öffentlichen Verkehr erzielt werden. Martin und Shaheen (2014) haben für Minneapolis, USA, einen solchen positiven Einfluss nachgewiesen. Demnach sind aufgrund des Bike-Sharing mehr Personen auf die Bahn umgestiegen als von der Bahn abgewandert (15 % Zuwachs gegenüber 3 % Rückgang).

Neben den unmittelbaren Effekten auf die individuelle Verkehrsmittelnutzung beeinflusst Bike-Sharing die Mobilitätskultur in der Stadt. So scheint sich Bike-Sharing insgesamt positiv auf das Umfeld für das Fahrradfahren auszuwirken. Die Nutzenden tragen üblicherweise keinen Helm oder spezielle Fahrradbekleidung, sodass sich das Image des Fahrradfahrens normalisieren kann (Ricci 2015: 34).

◼ Tab. 5.6 Substitutionsraten durch die Nutzung von E-Scooter Sharing (vgl. Wang et al. 2023)

Studie	Stadt/ Region	Pkw (%)	Taxi/ Fahrdienst (%)	Öffentl Verkehr (%)	Zu Fuß (%)	Fahrrad (%)
City of Los Angeles (2019)	Los Angeles, USA	11	22	9	48	5
SFMTA's (2019)	San Francisco, USA	5	36	11	31	9
James et al. (2019)	Arlington County, USA	7	39	7	33	12
Krier et al. (2021)	Paris, Frankreich	5	8	36	37	12
Fearnley et al. (2020)	Oslo, Norwegen	3	5	23	60	6
Curl und Fitt (2019)	Christchurch, Neuseeland	14	9	5	52	6
Reck et al. (2022)	Zürich, Schweiz	12	k. A.	19	51	13

Im Gegensatz zu den Fahrrädern im klassischen Bike-Sharing werden E-Scooter elektrisch angetrieben und verbrauchen Energie für die Fortbewegung. Die Veränderung der Verkehrsmittelnutzung durch E-Scooter Sharing Systeme ist daher hinsichtlich ihres Beitrages zu einer nachhaltigeren Mobilität kritisch zu bewerten. Die meisten der E-Scooter Fahrten ersetzen Fahrten im öffentlichen Verkehr, zu Fuß oder mit dem Fahrrad. ◼ Tab. 5.6 fasst die Ergebnisse verschiedener Studien zu den Substitutionsraten bei der Nutzung von E-Scooter Sharing zusammen.

Die hier aufgeführten Untersuchungen bestätigen die überwiegende Substitution von Verkehrsmitteln des Umweltverbundes. Während dieser Effekt beim Bike-Sharing für die Klimabilanz irrelevant ist, ist er beim E-Scooter-Sharing aus Sicht einer nachhaltigen Gestaltung des Stadtverkehrs unerwünscht.

Die Nutzerinnen und Nutzer von E-Scooter Sharing lassen sich im Wesentlichen zwei Gruppen zuordnen. Zum einen handelt es sich um eine Gruppe mit einer konsum-hedonistischen Lebenseinstellung. Für sie steht die emotionale Bedeutung ihrer Fortbewegung im Vordergrund, es geht ihnen um Spaß und sie suchen den emotionalen Kick, den eine Fahrt mit dem E-Scooter auslöst. Die zweite stark vertretene Gruppe sind die pragmatisch orientierten Kunden. Ihnen geht es um den praktischen Nutzen, den ihnen das System bietet, etwa in Form von Zeitersparnis oder Bequemlichkeit. Keine der beiden Gruppen ist besonders an der Nachhaltigkeit ihrer Mobilität interessiert. Sie nehmen Nachhaltigkeit zwar als positiven Nebeneffekt mit, wenn ihr gewähltes Verkehrsmittel damit in Verbindung gebracht wird, ihre Entscheidung basiert aber auf dem Versprechen eines emotionalen Erlebnisses oder eben eines Komfortgewinns (Eccarius und Lu 2020).

Bewegung und Gesunderhaltung

Eine nachhaltige Stadt ist nicht allein eine Stadt, die die Umweltbelastungen reduziert und zu einem klimaschonenden Lebensstil beiträgt. Eine nachhaltige Stadt ist auch eine Stadt, deren Struktur zur Gesunderhaltung der in ihr lebenden Menschen beiträgt. Unter aktiver Mobilität versteht man die Fortbewegung mit eigener Muskelkraft, also Radfahren oder zu Fuß gehen. Aktive Mobilität fördert die Gesundheit und ist ein Merkmal einer nachhaltigen Stadt (Gerike et al. 2020). Je besser die Bedingungen für aktive Mobilität sind, desto leichter fällt es den Menschen, zu Fuß zu gehen oder mit dem Fahrrad zu fahren.

Den positiven Auswirkungen der aktiven Fortbewegung auf die Gesundheit stehen negative Effekte gegenüber. Es besteht ein erhöhtes Risiko, in schwerere Unfälle verwickelt zu werden. Außerdem ist man Immissionen ausgesetzt, die ihrerseits die Gesundheit beeinträchtigen. Auch hier gibt es Studien, die die Auswirkungen vergleichen. Laut einer Gesundheitsfolgenabschätzung von Otero et al. (2018) überwiegt der gesundheitliche Nutzen körperlicher Aktivität die gesundheitlichen Risiken durch Unfälle und Luftverschmutzung. So könnten in den zwölf untersuchten EU-Städten schätzungsweise fünf Todesfälle pro Jahr durch eine bessere Gesundheit aufgrund aktiver Mobilität vermieden werden.

Die Verfügbarkeit von Fahrzeugen, die mit eigener Muskelkraft angetrieben werden, ist ein Element einer Stadt, die es den Menschen ermöglicht, sich aktiv fortzubewegen. In diesem Sinne fördern Bike-Sharing-Systeme die Gesundheit. Neben diesem direkten Nutzen für die Kunden des Bike-Sharing kann auch ein indirekter Nutzen für eine bewegungsaktivierende Stadt festgestellt werden: Indem Fahrräder durch Bike-Sharing im Stadtbild präsent sind, das Radfahren für andere sichtbarer wird, entfalten die Systeme durch ihre Präsenz einen Werbeeffekt. Die Stadt profiliert sich als fahrradfreundliche Stadt, die Menschen könnten ermuntert werden, öfter mit dem Fahrrad zu fahren. Voraussetzung dafür ist eine auf das Fahrrad ausgerichtete Infrastruktur – frei von Konflikten mit dem Autoverkehr, mit großzügig bemessenen, zusammenhängenden Radwegen und ausreichenden Abstellanlagen.

E-Scooter hingegen verfügen über einen eigenen Antrieb, die Fortbewegung mit ihnen ist keine Form aktiver Mobilität. Fahrten mit ihnen können sich negativ auf die Gesundheit auswirken, sollten sie Wege ersetzen, die eigentlich zu Fuß oder mit dem Fahrrad zurückgelegt worden wären. Tragen die E-Scooter allerdings dazu bei, eine Fahrt mit dem Auto zu ersetzen, ergibt sich ein positiver Effekt. Das E-Scooter Sharing wirft somit auch in Bezug auf Bewegung und Gesundheitserhaltung ein ambivalentes Bild auf.

Literatur

Agora Verkehrswende (Hrg.) (2018): Bikesharing im Wandel – Handlungsempfehlungen für deutsche Städte und Gemeinden zum Umgang mit stationslosen Systemen. ▶ https://www.agora-verkehrswende.de/fileadmin/Projekte/2018/Stationslose_Bikesharing_Systeme/Agora_Verkehrswende_Bikesharing_WEB.pdf(22.05.2023.

Arbeláez Vélez, Ana María/Plepys, Andrius (2021): Car Sharing as a Strategy to Address GHG Emissions in the Transport System: Evaluation of Effects of Car Sharing in Amsterdam. In: Sustainability 13(4), S. 2418. ▶ https://doi.org/10.3390/su13042418.

Avetisyan, Lilit/Zhang, Chengxin/Bai, Sue/Moradi Pari, Ehsan/Feng, Fred/Bao, Shan/Zhou, Feng (2022): Design a Sustainable Micro-Mobility Future: Trends and Challenges in the US and EU. In: Journal of Engineering Design 33(8–9), S. 587–606. ▶ https://doi.org/10.1080/09544828.2022.2142904.

Bai, Shunhua/Jiao, Junfeng (2021): Toward Equitable Micromobility: Lessons from Austin E-Scooter Sharing Program. In: Journal of Planning Education and Research, S. 0739456X2110571. ▶ https://doi.org/10.1177/0739456X211057196.

Bauer, Uta/Hertel, Martina/Buchmann, Lisa (2018): Geht doch! Grundzüge einer bundesweiten Fußverkehrsstrategie. Texte 75/2018. Dessau: UBA – Umweltbundesamt.

Bauer, Uta/Hertel, Martina/Klein-Hitpaß, Anne/Reichow, Victoria/Hardinghaus, Michael/Leschik, Claudia et al. (2022): E-Tretroller in Städten – Nutzung, Konflikte und kommunale Handlungsmöglichkeiten. Berlin. ▶ https://repository.difu.de/jspui/handle/difu/583706 (15.04.2023).

bcs – Bundesverband CarSharing e.V. (Hrg.) (2019): Entlastungsleistung von stationsbasiertem CarSharing und Homezone-CarSharing in Berlin, bcs-Studie 2019. ▶ https://carsharing.de/alles-ueber-carsharing/studien/entlastungsleistung-stationsbasiertem-carsharing-homezone-carsharing (24.05.2023).

bcs – Bundesverband CarSharing e.V. (Hrg.) (2021): Unterschiede free-floating & stationsbasiertes CarSharing. ▶ https://carsharing.de/presse/fotos/zahlen-daten/unterschiede-free-floating-stationsbasiertes-carsharing (12.03.2023).

bcs – Bundesverband CarSharing e.V. (Hrg.) (2023): Fact Sheet - CarSharing in Deutschland. ▶ https://carsharing.de/sites/default/files/uploads/factsheet_carsharing_in_deutschland_2023_v4.pdf (24.06.2023).

Becker, Henrik/Ciari, Francesco/Axhausen, Kay W. (2018): Measuring the Car Ownership Impact of Free-Floating Car-Sharing – A Case Study in Basel, Switzerland. In: Transportation Research Part D: Transport and Environment 65, S. 51–62. ▶ https://doi.org/10.1016/j.trd.2018.08.003.

Benkler, Yochai (2004): Sharing Nicely: On Shareable Goods and the Emergence of Sharing as a Modality of Economic Production. In: The Yale Law Journal 114(2), S. 273. ▶ https://doi.org/10.2307/4135731.

Bergh, Andreas/Funcke, Alexander/Wernberg, Joakim (2021): The Sharing Economy: Definition, Measurement and Its Relationship to Capitalism. No. 1380. Stockholm: Research Institute of Industrial Economics. (= IFN Working Paper).

Bergstad, Cecilia Jakobsson/Ramos, Erika/Chicco, Andrea/Diana, Marco/Beccaria, Stefano/Melis, Massimiliano et al. (2018): The influence of socioeconomic factors in the diffusion of car sharing - Deliverable D4.1. Göteborg. ▶ https://stars-h2020.eu/wp-content/uploads/2019/06/STARS-D4.1.pdf (30.05.2023).

de Bortoli, Anne/Christoforou, Zoi (2020): Consequential LCA for Territorial and Multimodal Transportation Policies: Method and Application to the Free-Floating e-Scooter Disruption in Paris. In: Journal of Cleaner Production 273, S. 122898. ▶ https://doi.org/10.1016/j.jclepro.2020.122898.

Bozzi, Alberica Domitilla/Aguilera, Anne (2021): Shared E-Scooters: A Review of Uses, Health and Environmental Impacts, and Policy Implications of a New Micro-Mobility Service. In: Sustainability 13(16), S. 8676. ▶ https://doi.org/10.3390/su13168676.

Button, Kenneth/Frye, Hailey/Reaves, David (2020): Economic Regulation and E-Scooter Networks in the USA. In: Research in Transportation Economics 84, S. 100973. ▶ https://doi.org/10.1016/j.retrec.2020.100973.

cargobike.jetzt (2023): Städteliste Cargobike Sharing. ▶ https://www.cargobike.jetzt/lastenrad-sharing-staedteliste/ (23.04.2023).

Chapman, Donald A./Eyckmans, Johan/Van Acker, Karel (2020): Does Car-Sharing Reduce Car-Use? An Impact Evaluation of Car-Sharing in Flanders, Belgium. In: Sustainability 12(19), S. 8155. ▶ https://doi.org/10.3390/su12198155.

Chen, T. Donna/Kockelman, Kara M. (2016): Carsharing's Life-Cycle Impacts on Energy Use and Greenhouse Gas Emissions. In: Transportation Research Part D: Transport and Environment 47, S. 276–284. ▶ https://doi.org/10.1016/j.trd.2016.05.012.

City of Los Angeles (Hrg.) (2019): Dockless Bike/Scooter Share Pilot Programme Update. ▶ http://clkrep.lacity.org/onlinedocs/2017/17-1125_rpt_DOT_10-17-2019.pdf (14.05.2023).

CoMoUK – Collaborative Mobility UK (Hrg.) (2021a): Car Club Annual Report – London 2021. ▶ https://www.como.org.uk/documents/car-club-annual-report-london-2021 (12.03.2023).

CoMoUK – Collaborative Mobility UK (Hrg.) (2021b): Car Club Annual Report – United Kingdom 2021. ▶ https://www.como.org.uk/documents/car-club-annual-report-uk-2021 (12.03.2023).

Curl, Angela/Fitt, Helen (2019): Attitudes to and Use of Electric Scooters in New Zealand Cities. ▶ http://hdl.handle.net/10092/16336 (14.03.2023).

Curtis, Steven Kane/Lehner, Matthias (2019): Defining the Sharing Economy for Sustainability. In: Sustainability 11(3), S. 567–592. ▶ https://doi.org/10.3390/su11030567.

Dias, Gabriel/Arsenio, Elisabete/Ribeiro, Paulo (2021): The Role of Shared E-Scooter Systems in Urban Sustainability and Resilience during the Covid-19 Mobility Restrictions. In: Sustainability 13(13), S. 7084. ▶ https://doi.org/10.3390/su13137084.

5

Eccarius, Timo/Lu, Chung-Cheng (2020): Adoption Intentions for Micro-Mobility – Insights from Electric Scooter Sharing in Taiwan. In: Transportation Research Part D: Transport and Environment 84, S. 102327. ► https://doi.org/10.1016/j.trd.2020.102327.

Engelskirchen, Lutz (2005): Innovation im Verkehrswesen. In: Gundler, Bettina/Hascher, Michael/Trischler, Helmuth (Hrg.): Unterwegs und mobil: Verkehrswelten im Museum. Frankfurt/Main: Campus-Verlag. S. 57–76. (= Beiträge zur Historischen Verkehrsforschung des Deutschen Museums).

Fearnley, Nils/Berge, Siri Hegna/Johnsson, Espen (2020): Delte elsparkesykler i Oslo : En tidlig kartlegging. Oslo. ► https://www.toi.no/getfile.php/1352254-1581347359/Publikasjoner/TØI%20rapporter/2020/1748-2020/1748-2020-elektronisk.pdf (17.04.2023).

Fishman, Elliot/Washington, Simon/Haworth, Narelle (2014): Bike Share's Impact on Car Use: Evidence from the United States, Great Britain, and Australia. In: Transportation Research Part D: Transport and Environment 31, S. 13–20. ► https://doi.org/10.1016/j.trd.2014.05.013.

Franke, Sassa (2001): Car Sharing: Vom Ökoprojekt Zur Dienstleistung. Berlin: Ed. Sigma.

FUSS e.V. (Hrg.) (2022): Gestörte Mobilität – Daten und Fakten zu E-Scootern & Co. auf Berliner Gehwegen. Berlin.

Gerike, Regine/Koszowski, Caroline/Hubrich, Stefan/Wittwer, Rico/Wittig, Sebastian/Pohle, Maria et al. (2020): Aktive Mobilität: Mehr Lebensqualität in Ballungsräumen. 226/2020. Dessau. (= Texte des Umweltbundesamtes) ► https://www.umweltbundesamt.de/sites/default/files/medien/5750/publikationen/2020_12_03_texte_226-2020_aktive_mobilitaet.pdf (23.04.2023).

Giesel, Flemming/Nobis, Claudia (2016): The Impact of Carsharing on Car Ownership in German Cities. In: Transportation Research Procedia 19, S. 215–224. ► https://doi.org/10.1016/j.trpro.2016.12.082.

Göddeke, Daniel/Krauss, Konstantin/Gnann, Till (2021): What Is the Role of Carsharing toward a More Sustainable Transport Behavior? Analysis of Data from 80 Major German Cities. In: International Journal of Sustainable Transportation 16(9), S. 1–13. ► https://doi.org/10.1080/15568318.2021.1949078.

Götz, Konrad/Deffner, Jutta/Klinger, Thomas (2016): Mobilitätsstile und Mobilitätskulturen - Erklärungspotentiale, Rezeption und Kritik. In: Schwedes, Oliver/Canzler, Weert/Knie, Andreas (Hrg.): Handbuch Verkehrspolitik. 2. Auflage. Wiesbaden: VS Verlag für Sozialwissenschaften. S. 781–804.

Ham, Seung Woo/Cho, Jung-Hoon/Park, Sangwoo/Kim, Dong-Kyu (2021): Spatiotemporal Demand Prediction Model for E-Scooter Sharing Services with Latent Feature and Deep Learning. In: Transportation Research Record: Journal of the Transportation Research Board 2675(11), S. 34–43. ► https://doi.org/10.1177/03611981211003896.

Han, Jin/Zhou, Haibo/Löwik, Sandor/de Weerd-Nederhof, Petra (2022): Building and Sustaining Emerging Ecosystems through New Focal Ventures: Evidence from China's Bike-Sharing Industry. In: Technological Forecasting and Social Change 174, S. 121261. ► https://doi.org/10.1016/j.techfore.2021.121261.

Heimel, Jana/Krams, Benedikt (2021): Sharing Economy: Nachhaltigkeit versus Profitorientierung. In: Wellbrock, Wanja/Ludin, Daniela (Hrg.): Nachhaltiger Konsum. Wiesbaden: Springer Fachmedien Wiesbaden. S. 53–69. ► https://doi.org/10.1007/978-3-658-33353-9_4.

Hollingsworth, Joseph/Copeland, Brenna/Johnson, Jeremiah X (2019): Are e-scooters polluters? The environmental impacts of shared dockless electric scooters. In: Environmental Research Letters 14(8), S. 084031. ► https://doi.org/10.1088/1748-9326/ab2da8.

Huppertz, Bernd (2019): Die neue Elektrokleinstfahrzeuge-Verordnung. In: Neue Zeitschrift für Verkehrsrecht (8), S. 387–391.

James, Owain/Swiderski, J/Hicks, John/Teoman, Denis/Buehler, Ralph (2019): Pedestrians and E-Scooters: An Initial Look at E-Scooter Parking and Perceptions by Riders and Non-Riders. In: Sustainability 11(20), S. 5591. ► https://doi.org/10.3390/su11205591.

Kähler, Antonia/Püschel, Klaus/Ondruschka, Benjamin/Müller, Alexander/Iwersen-Bergmann, Stefanie/Sperhake, Jan-Peter et al. (2023): Eineinhalb Jahre E-Scooter – Zwischenbilanz in Hamburg, Teil 1: alkoholbedingte Auffälligkeiten im Straßenverkehr. In: Rechtsmedizin 33(2) ► https://doi.org/10.1007/s00194-022-00601-0.

KBA – Kraftfahrt-Bundesamt (2023): Bestand an Kraftfahrzeugen und Kraftfahrzeuganhängern nach Bundesländern, Fahrzeugklassen und ausgewählten Merkmalen, 1. April 2023 (FZ 27). ► https://www.kba.de/SharedDocs/Downloads/DE/Statistik/Fahrzeuge/FZ27/fz27_202304.xlsx?__blob=publicationFile&v=11 (23.06.2023).

Kim, Daejin/Park, Yujin/Ko, Joonho (2019): Factors Underlying Vehicle Ownership Reduction among Carsharing Users: A Repeated Cross-Sectional Analysis. In: Transportation Research Part D: Transport and Environment 76, S. 123–137. ► https://doi.org/10.1016/j.trd.2019.09.018.

Ko, Joonho/Ki, Hyeongyun/Lee, Soojin (2017): Factors Affecting Carsharing Program Participants' Car Ownership Changes. In: Transportation Letters 11(4), S. 208–218. ► https://doi.org/10.1080/194278 67.2017.1329891.

Kolleck, Aaron (2021): Does Car-Sharing Reduce Car Ownership? Empirical Evidence from Germany. In: Sustainability 13(13), S. 7384. ► https://doi.org/10.3390/su13137384.

Krier, Camille/Chrétien, Julie/Lagadic, Marion/Louvet, Nicolas (2021): How Do Shared Dockless E-Scooter Services Affect Mobility Practices in Paris? A Survey-Based Estimation of Modal Shift. In: Transportation Research Record: Journal of the Transportation Research Board 2675(11), S. 291–304. ► https://doi.org/10.1177/03611981211017133.

Küpper, Patrick (2016): Abgrenzung und Typisierung ländlicher Räume. 68. Braunschweig: Johann Heinrich von Thünen-Institut. (= Thünen Working Paper).

Le Vine, Scott/Polak, John (2019): The Impact of Free-Floating Carsharing on Car Ownership: Early-Stage Findings from London. In: Transport Policy 75, S. 119–127. ► https://doi.org/10.1016/j. tranpol.2017.02.004.

Loske, Reinhard (2019): Die Doppelgesichtigkeit der Sharing Economy. Vorschläge zu ihrer gemeinwohlorientierten Regulierung. In: WSI-Mitteilungen 72(1), S. 64–70. ► https://doi.org/10.5771/034 2-300X-2019-1-64.

Losse, Willi (2016): Mehr Platz zum Leben – wie CarSharing Städte entlastet, Ergebnisse des bcs-Projektes „CarSharing im innerstädtischen Raum – eine Wirkungsanalyse". Berlin: Bundesverband CarSharing e.V. ► https://carsharing.de/sites/default/files/uploads/alles_ueber_carsharing/pdf/endbericht_bcs-eigenprojekt_final.pdf (12.05.2023).

Lukasiewicz, Agnieszka/Sanna, Venere Stefania/Diogo, Vera Lúcia Alves Pereira/Bernát, Anikó (2022): Shared Mobility: A Reflection on Sharing Economy Initiatives in European Transportation Sectors. In: Česnuitytė, Vida/Klimczuk, Andrzej/Miguel, Cristina/Avram, Gabriela (Hrg.): The Sharing Economy in Europe. Cham: Springer International Publishing. S. 89–114. ► https://doi.org/10.1007/978-3-030-86897-0_5.

Ma, Jiajun (2020): Analysis of the Failure of Ofo Sharing Bicycle Company and Possible Solutions: Präsentiert auf: 2020 2nd International Conference on Economic Management and Cultural Industry (ICEMCI 2020), Chengdu, China. ► https://doi.org/10.2991/aebmr.k.201128.030.

Ma, Xinwei/Yuan, Yufei/Van Oort, Niels/Hoogendoorn, Serge (2020): Bike-Sharing Systems' Impact on Modal Shift: A Case Study in Delft, the Netherlands. In: Journal of Cleaner Production 259, S. 120846. ► https://doi.org/10.1016/j.jclepro.2020.120846.

Machado, Cláudia/de Salles Hue, Nicolas/Berssaneti, Fernando/Quintanilha, José (2018): An Overview of Shared Mobility. In: Sustainability 10(12), S. 4342. ► https://doi.org/10.3390/su10124342.

Martin, Elliot W./Shaheen, Susan A. (2014): Evaluating Public Transit Modal Shift Dynamics in Response to Bikesharing: A Tale of Two U.S. Cities. In: Journal of Transport Geography 41, S. 315–324. ► https://doi.org/10.1016/j.jtrangeo.2014.06.026.

Moore, John H. (1961): The Ox in the Middle Ages. In: Agricultural History Agricultural History Society. 35(2), S. 90–93.

Münzel, Karla/Piscicelli, Laura/Boon, Wouter/Frenken, Koen (2019): Different Business Models – Different Users? Uncovering the Motives and Characteristics of Business-to-Consumer and Peer-to-Peer Carsharing Adopters in The Netherlands. In: Transportation Research Part D: Transport and Environment 73, S. 276–306. ► https://doi.org/10.1016/j.trd.2019.07.001.

Murphy, Enda/Usher, Joe (2015): The Role of Bicycle-Sharing in the City: Analysis of the Irish Experience. In: International Journal of Sustainable Transportation 9(2), S. 116–125. ► https://doi.org/10.1 080/15568318.2012.748855.

Nadkarni, Rachel (2020): Managing E-Scooter-Rentals in German Cities: A Check-Up. Berlin: Deutsches Institut für Urbanistik. (= Difu-Sonderveröffentlichung) ► https://repository.difu.de/handle/difu/578297(21.2.2023).

Namazu, Michiko/Dowlatabadi, Hadi (2018): Vehicle Ownership Reduction: A Comparison of One-Way and Two-Way Carsharing Systems. In: Transport Policy 64, S. 38–50. ► https://doi.org/10.1016/j.tranpol.2017.11.001.

Nehrke, Gunnar (2022): Wie können CarSharing-Angebote in kleinen Städten und im ländlichen Raum etabliert werden? Berlin. ► https://carsharing.de/sites/default/files/uploads/cs_in_kleinen_staedten_und_im_laendlichen_raum_bcs.pdf (13.05.2023).

Nijland, Hans/van Meerkerk, Jordy (2017): Mobility and Environmental Impacts of Car Sharing in the Netherlands. In: Environmental Innovation and Societal Transitions 23, S. 84–91. ► https://doi.org/10.1016/j.eist.2017.02.001.

Otero, I./Nieuwenhuijsen, M.J./Rojas-Rueda, D. (2018): Health Impacts of Bike Sharing Systems in Europe. In: Environment International 115, S. 387–394. ► https://doi.org/10.1016/j.envint.2018.04.014.

Ploeger, Jan/Oldenziel, Ruth (2020): The Sociotechnical Roots of Smart Mobility: Bike Sharing since 1965. In: The Journal of Transport History 41(2), S. 134–159. ► https://doi.org/10.1177/0022526620908264.

Qiu, Lu-Yi/He, Ling-Yun (2018): Bike Sharing and the Economy, the Environment, and Health-Related Externalities. In: Sustainability 10(4), S. 1145. ► https://doi.org/10.3390/su10041145.

Ramos, Érika Martins Silva/Bergstad, Cecilia Jakobsson/Chicco, Andrea/Diana, Marco (2020): Mobility Styles and Car Sharing Use in Europe: Attitudes, Behaviours, Motives and Sustainability. In: European Transport Research Review 12(1), S. 13. ► https://doi.org/10.1186/s12544-020-0402-4.

Reck, Daniel J./Martin, Henry/Axhausen, Kay W. (2022): Mode Choice, Substitution Patterns and Environmental Impacts of Shared and Personal Micro-Mobility. In: Transportation Research Part D: Transport and Environment 102, S. 103134. ► https://doi.org/10.1016/j.trd.2021.103134.

Ricci, Miriam (2015): Bike Sharing: A Review of Evidence on Impacts and Processes of Implementation and Operation. In: Research in Transportation Business & Management 15, S. 28–38. ► https://doi.org/10.1016/j.rtbm.2015.03.003.

Rid, Wolfgang/Parzinger, Gerhard/Grausam, Michael/Müller, Ulrich/Herdtle, Carolin (2018): Carsharing in Deutschland: Potenziale und Herausforderungen, Geschäftsmodelle und Elektromobilität. Wiesbaden [Heidelberg]: Springer Vieweg. (= ATZ/MTZ-Fachbuch) ► https://doi.org/10.1007/978-3-658-15906-1.

Rifkin, Jeremy (2001): The Age of Access: The New Culture of Hypercapitalism, Where All of Life Is a Paid-for Experience. 1. paperback ed. New York, NY: Jeremy P. Tarcher/Putnam.

Rube, Sonja/Ackermann, Till/Kagerbauer, Martin/Loose, Willi/Nehrke, Gunnar/Wirtz, Matthias/Zappe, Frieder (2020): Multi- und Intermodalität: Hinweise zur Umsetzung und Wirkung von Maßnahmen im Personenverkehr - Teilpapier 3: Multi- und intermodale Mobilitätsdienstleistungen und intermodale Verknüpfungspunkte. Köln.

Schaefers, Tobias (2013): Exploring Carsharing Usage Motives: A Hierarchical Means-End Chain Analysis. In: Transportation Research Part A: Policy and Practice 47, S. 69–77. ► https://doi.org/10.1016/j.tra.2012.10.024.

Schellong, Daniel/Sadek, Philipp/Schaetzberger, Carsten/Barrack, Tyler (2019): The Promise and Pitfalls of E-Scooter Sharing. Boston Consulting Group. ► http://boston-consulting-group-brightspot.s3.amazonaws.com/img-src/BCG-The-Promise-and-Pitfalls-of-E-Scooter%20Sharing-May-2019_tcm9-220107.pdf (24.05.2023).

Schmidt, Peter (2020): The Effect of Car Sharing on Car Sales. In: International Journal of Industrial Organization 71, S. 102622. ► https://doi.org/10.1016/j.ijindorg.2020.102622.

Schor, Juliet B./Vallas, Steven P. (2021): The Sharing Economy: Rhetoric and Reality. In: Annual Review of Sociology 47(1), S. 369–389. ► https://doi.org/10.1146/annurev-soc-082620-031411.

Şengül, Buket/Mostofi, Hamid (2021): Impacts of E-Micromobility on the Sustainability of Urban Transportation—A Systematic Review. In: Applied Sciences 11(13), S. 5851. ► https://doi.org/10.3390/app11135851.

SFMTA's – San Francisco Municipal Transportation Agency's (Hrg.) (2019): Powered Scooter Share Mid-Pilot. ► https://www.sfmta.com/sites/default/files/reports-and-documents/2019/08/powered_scooter_share_mid-pilot_evaluation_final.pdf (20.4.2023).

Shaheen, Susan A./Guzman, Stacey/Zhang, Hua (2010): Bikesharing in Europe, the Americas, and Asia: Past, Present, and Future. In: Transportation Research Record: Journal of the Transportation Research Board 2143(1), S. 159–167. ► https://doi.org/10.3141/2143-20.

Shaheen, Susan/Cohen, Adam (2019): Micromobility Policy Toolkit: Docked and Dockless Bike and Scooter Sharing. Oakland: University of California. ► https://escholarship.org/uc/item/00k897b5 (23.04.2023).

Shaheen, Susan/Cohen, Adam/Chan, Nelson/Bansal, Apaar (2020): Sharing Strategies: Carsharing, Shared Micromobility (Bikesharing and Scooter Sharing), Transportation Network Companies, Microtransit, and Other Innovative Mobility Modes. In: Deakin, Elizabeth (Hrg.): Transportation, Land Use, and Environmental Planning. Amsterdam, Cambridge, Oxford: Elsevier. S. 237–262.

Si, Steven/Chen, Hui/Liu, Wan/Yan, Yushan (2021): Disruptive Innovation, Business Model and Sharing Economy: The Bike-Sharing Cases in China. In: Management Decision 59(11), S. 2674–2692. ► https://doi.org/10.1108/MD-06-2019-0818.

Spinney, Justin/Lin, Wen-I (2018): Are You Being Shared? Mobility, Data and Social Relations in Shanghai's Public Bike Sharing 2.0 Sector. In: Applied Mobilities 3(1), S. 66–83. ► https://doi.org/10.1080/23800127.2018.1437656.

Stadt Köln (Hrg.) (2022): Satzung der Stadt Köln über Erlaubnisse und Gebühren für Sondernutzungen an öffentlichen Straße -Sondernutzungssatzung- vom 13. Februar 1998 in der Fassung der 6. Satzung zur Änderung der Sondernutzungssatzung vom 14. Juni 2022. ► https://www.stadt-koeln.de/mediaasset/content/satzungen/satzung_über_erlaubnisse_und_gebühren_für_sondernutzungen_an_öffentlichen_straßen_vom_27._juni_2022.pdf (30.04.2023).

Standing, Craig/Standing, Susan/Biermann, Sharon (2019): The Implications of the Sharing Economy for Transport. In: Transport Reviews 39(2), S. 226–242. ► https://doi.org/10.1080/01441647.2018.1450307.

Sundqvist-Andberg, Henna/Tuominen, Anu/Auvinen, Heidi/Tapio, Petri (2021): Sustainability and the Contribution of Electric Scooter Sharing Business Models to Urban Mobility. In: Built Environment 47(4), S. 541–558. ► https://doi.org/10.2148/benv.47.4.541.

Susan, Shaheen/Chan, Nelson/Bansal, Apaar/Cohen, Adam (2015): Shared Mobility – A Sustainability & Technologies Workshop: Definitions, Industry Developments, and Early Understanding. Berkley, CA: University of California. ► https://escholarship.org/uc/item/2f61q30s (20.03.2023).

Tarnovetckaia, Rozaliia/Mostofi, Hamid (2022): Impact of Car-Sharing and Ridesourcing on Public Transport Use: Attitudes, Preferences, and Future Intentions Regarding Sustainable Urban Mobility in the Post-Soviet City. In: Urban Science 6(2), S. 33. ► https://doi.org/10.3390/urbansci6020033.

Twisse, Fiona (2020): Overview of policy relating to e-scooters in European countries. Eltis – The Urban Mobility Observatory. ► https://www.eltis.org/resources/case-studies/overview-policy-relating-e-scooters-european-countries (21.2.2023).

Uluk, D./Lindner, T./Palmowski, Y./Garritzmann, C./Göncz, E./Dahne, M. et al. (2020): E-Scooter: erste Erkenntnisse über Unfallursachen und Verletzungsmuster. In: Notfall + Rettungsmedizin 23(4), S. 293–298. ► https://doi.org/10.1007/s10049-019-00678-3.

Wang, Kailai/Qian, Xiaodong/Fitch, Dillon Taylor/Lee, Yongsung/Malik, Jai/Circella, Giovanni (2023): What Travel Modes Do Shared E-Scooters Displace? A Review of Recent Research Findings. In: Transport Reviews 43(1), S. 5–31. ► https://doi.org/10.1080/01441647.2021.2015639.

Weiber, Rolf/Lichter, David (2020): Share Economy: Die „neue" Ökonomie des Teilens. In: Kollmann, Tobias (Hrg.): Handbuch Digitale Wirtschaft. Wiesbaden: Springer Fachmedien Wiesbaden. S. 789–822. ► https://doi.org/10.1007/978-3-658-17291-6_60.

Weingarten, Peter/Steinführer, Annett (2020): Daseinsvorsorge, gleichwertige Lebensverhältnisse und ländliche Räume im 21. Jahrhundert. In: Zeitschrift für Politikwissenschaft 30(4), S. 653–665. ► https://doi.org/10.1007/s41358-020-00246-z.

Zheng, Fanying/Gu, Fu/Zhang, Wujie/Guo, Jianfeng (2019): Is Bicycle Sharing an Environmental Practice? Evidence from a Life Cycle Assessment Based on Behavioral Surveys. In: Sustainability 11(6), S. 1550. ► https://doi.org/10.3390/su11061550.

Verkehrskonzepte in der Smart City

Inhaltsverzeichnis

© Der/die Autor(en), exklusiv lizenziert an Springer-Verlag GmbH, DE, ein Teil von Springer Nature 2023
M. Wilde, *Vernetzte Mobilität*, erfolgreich studieren,
https://doi.org/10.1007/978-3-662-67834-3_6

Smart City ist ein Konzept, das digitale Netz- und Kommunikationstechnik nutzt, um die Abläufe in einer Stadt möglichst umfassend zu steuern und ihre Teilbereiche aufeinander abzustimmen. Es handelt sich also um digitale Leistungen für das Stadtmanagement, bei denen Mobilität und Verkehr eines der zentralen Handlungsfelder ist.

Verkehrsstockungen oder Ausfälle des öffentlichen Verkehrs verdeutlichen, wie wichtig ein reibungsloser Verkehrsablauf für das Zusammenleben, eine funktionierende Wirtschaft und auch für die Organisation des Alltags jedes Einzelnen ist. Folglich besteht eines der Planungsparadigmen der Stadtentwicklung darin, dass sich bei reibungslosem Verkehrsablauf die individuelle Mobilität ungehindert entfalten kann und sich positive Effekte für Lebensqualität und Wirtschaft einstellen.

Das Konzept der *Smart City* denkt Mobilität und Verkehr als ein Baustein im Gesamtgefüge städtischer Funktionen. Ein solcher integrierter Ansatz findet sich in allen Stadtentwicklungskonzepten und ist nichts Besonderes. Was die *Smart City* jedoch auszeichnet, ist die Steuerung des Verkehrs durch digitale Prozesse, unterstützt durch Sensoren und Algorithmen. Dieser Ansatz nennt sich *Smart Mobility.*

Ein zweiter wesentlicher Gedanke der *Smart City* besteht in der Vernetzung der Teilbereiche einer Stadt und die Beziehung zu den Bürgerinnen und Bürgern, die als Konsumenten die Dienste in Anspruch nehmen. Diese Vernetzung ist insofern entscheidend, als sie die Steuerung städtischer Funktionen über Systemgrenzen hinweg ermöglicht.

6.1 Die vernetzte Stadt

Smart City ist ein Kunstbegriff ohne eine allgemein anerkannte wissenschaftliche Fundierung. Insofern bestehen verschiedene Sichtweisen, was eine *Smart City* auszeichnet, welche Ziele das Konzept verfolgt und mit welchen Mitteln die Ziele erreicht werden sollen. Am einfachsten lässt sich *Smart City* als ein Konzept der Stadtentwicklung umschreiben, mit dem versucht wird, digitale Prozesse und Technologien mit den klassischen Infrastrukturen der Stadt zu verschmelzen. Die Anfänge der *Smart City* reichen bis in die 1990er-Jahre zurück, als man sich Gedanken darüber machte, wie die aufkommende Informations- und Kommunikationstechnik einzelne Bereiche einer Stadt verbessern, ihre Effizienz steigern, ihre Wettbewerbsfähigkeit erhöhen und neue Wege zur Bewältigung von Problemen wie Armut, sozialer Benachteiligung und Umweltproblemen eröffnen könnten (Batty et al. 2012: 483). Hierbei meint *smart,* häufig synonym mit dem Begriff *intelligent* verwendet, zuvorderst die Integration komplexer Analyse, Modellierung, Optimierung und Visualisierung in Geschäftsprozesse auf der Basis digitaler Prozesse und Technik (Harrison et al. 2010: 6).

> Definition: Der Begriff *Smart City* beschreibt eine Stadt, die digitale Systeme mit dem Ziel einsetzt, die Lebensqualität zu verbessern, die Ressourceneffizienz zu erhöhen, die Umweltbelastung zu reduzieren und die Wettbewerbsfähigkeit zu steigern. Versucht wird dies durch den Einsatz von digitaler Netz- und Kommunikationstechnik, mit denen die verschiedenen Aufgabenbereiche der Stadt vernetzt werden sollen – wie Verkehr, Energieversorgung, Abfallwirtschaft, Sicherheit, Gesundheit, Bildung und Verwaltung (Butzlaff 2020: 508; Löw und Rothmann 2016: 76).

Das Konzept ist nicht auf die Stadt beschränkt. Jenseits urbaner Strukturen wird es als *Smart Region* bezeichnet und soll im gleichen Maße die Abläufe in ländlichen Regionen steuern und optimieren. Die Probleme und Aufgaben ländlicher Regionen unterscheiden sich teilweise von denen der Stadt, sodass auch die Anwendungsfelder der *Smart Region* anders gelagert sind. Was die Technik und die Zielrichtung anbelangt, gibt es allerdings keine Unterschiede – beide, sowohl *Smart City* als auch *Smart Region,* verfolgen eine digitale Transformation, mit dem Ziel, die drängenden Probleme der Stadt- und Regionalentwicklung zu lösen (vgl. Mertens et al. 2021).

6.1.1 Dimensionen der Smart City

Das Aufgaben- und Betätigungsfeld der Anwendungen einer *Smart City* erstreckt sich auf mehrere Komponenten, welche zusammengenommen die Funktionen einer Stadt sichern. Regelmäßig werden diese Komponenten zu sechs Dimensionen zusammengefasst: 1) Wirtschaft, 2) Bevölkerung, 3) Umwelt, 4) Verwaltung, 5) Lebensqualität, 6) Mobilität und Verkehr (Kozlowski/Suwar 2021). Manche Autorinnen und Autoren fügen mit 7) Gebäude und Architektur eine siebente Dimension hinzu (Cantuarias-Villessuzanne et al. 2021; Neirotti et al. 2014) (◻ Abb. 6.1).

1. *Wirtschaft:* Innerhalb der Dimension Wirtschaft wird versucht, die Wettbewerbsfähigkeit einer Stadt zu steigern. Dabei wird eine Reihe von Faktoren adressiert, darunter Innovation, Unternehmertum, Produktivität und Flexibilität des Arbeitsmarktes. Ziel ist es, den elektronischen Handel und Geschäftsverkehr zu fördern und die Bereitstellung von Dienstleistungen zu verbessern. Darüber hinaus sollen die Prozesse zur Entwicklung neuer oder zur Weiterentwicklung bestehender Produkte, Dienstleistungen oder Geschäftsmodelle gefördert werden.
2. *Bevölkerung:* Hier geht es um die Fähigkeiten und die Qualifikationen der Menschen in einer Stadt. Informations- und Kommunikationstechnik wird eingesetzt, um den Zugang zu Bildung und Ausbildung zu verbessern. Aber auch Themen wie soziale Integration, Vielfalt und Zusammenhalt werden behandelt.
3. *Umwelt:* Umwelt- und Klimaschutz ist eine der zentralen Aufgaben unserer Zeit. Hier geht es darum, Umweltbelastungen zu reduzieren und Ressourcen schonend zu nutzen. Dazu gehören eine effiziente Abfallwirtschaft, die Nutzung erneuerbarer Energien und eine nachhaltige Stadtplanung.
4. *Verwaltung:* Diese Dimension bezieht sich auf eine effektive und effiziente öffentliche Verwaltung. Sie soll die Qualität der öffentlichen Dienstleistungen und die Beteiligung der Bevölkerung erhöhen. Stichworte sind hierbei E–Governance, digitale Beteiligungsplattformen und transparente Verwaltung.
5. *Lebensqualität:* Die Smart City soll der Gesundheit und Sicherheit der Menschen, der Kultur und Kunst sowie den Lebensbedingungen besondere Aufmerksamkeit schenken. Digitale Prozesse nehmen sich daher der Sicherheit und Gesundheit der Bevölkerung an.
6. *Mobilität und Verkehr:* Der Bereich Mobilität und Verkehr bezieht sich zum einen auf die Verbesserungen der Bedingungen für die alltägliche Fortbewegung der Menschen und zum anderen auf das digitale Management der Verkehrssysteme zur Beeinflussung des Verkehrsablaufes.
7. *Gebäude und Architektur:* Die Dimension Gebäude und Architektur umfasst die gebaute Umwelt einer Stadt, also einerseits die Infrastruktur – wie Straßen,

6

Wirtschaft

– Steigerung der Wettbewerbsfähigkeit
– Innovation, Unternehmertum, Produktivität
– elektronischer Handel und Geschäftsverkehr
– (Weiter-)Entwicklung von Produkten und Dienstleistungen

Bevölkerung

– Zugang zu Bildung und Qualifikation
– lebenslanges Lernen
– soziale Interaktion
– Vielfalt und Zusammenhalt

Umwelt

– Umwelt- und Klimaschutz
– Reduzierung von Umweltverschmutzung und Ressourcenverbrauch
– Abfallmanagement und erneuerbare Energien
– nachhaltige Stadtplanung

Verwaltung

– effektive, effiziente und transparente Verwaltung
– Qualität der öffentlichen Dienstleistungen
– Partizipation an Entscheidungen/Planungen
– E-Governance, digitale Beteiligung

Lebensqualität

– Sicherheit und Gesundheit
– Kultur, Kunst und Geschichte
– Tourismus
– sozialer Zusammenhalt

Mobilität und Verkehr

– Bedingungen für die alltägliche Fortbewegung
– digitales Management der Verkehrssysteme
– Optimierung von Verkehrsabläufen und -steuerung
– Erreichbarkeit und alternative Verkehrsangebote

Gebäude und Architektur

– Ausrüstung von Infrastrukturelementen mit Sensorik
– Gebäude- und Energietechnik
– Vernetzung von Gebäuden und Infrastruktur

☐ **Abb. 6.1** Sieben Dimensionen einer Smart City

Kanalisation oder Energieversorgung – und andererseits die einzelnen Gebäude selbst. Die Infrastruktur ist mit Sensorik ausgestattet und bildet damit die technische Basis, auf die viele digitale Prozesse in den angrenzenden Dimensionen zugreifen. Bei den Gebäuden ist es die Gebäude – und Energietechnik der einzelnen Objekte, die vernetzt und digital gesteuert wird.

Innerhalb einer *Smart City* Strategie werden nicht alle, aber in der Regel mehrere, Dimensionen adressiert. Jede Dimension wird in Initiativen unterteilt, die wiederum aus einem oder mehreren Projekten bestehen und jeweils eigene Ziele verfolgen. Eremia et al. (2017: 17) listen einige Anwendungsbeispiele nach den Dimensionen geordnet auf, sie reichen von der Steuerung von Heizungen, über Telemedizin bis hin zur Parkraumbewirtschaftung (◩ Tab. 6.1).

6.1.2 Smart City in der Kritik

Das mit der *Smart City* verbundene Versprechen, die drängenden Probleme einer Stadt durch digitale Systeme zu lösen, bleibt nicht ohne Kritik. Die Kritik lässt sich in drei Perspektiven zusammenfassen: Kritik an a) Technik- und Wachstumsglauben, an b) Datenerfassung und Kontrolle sowie an c) dem Umgang mit Partizipation und einer Verschiebung vom Bürger zum Konsumenten. Keine dieser drei Perspektiven bezweifelt den Nutzen digitaler Technik für die Abwicklung von Organisationprozessen der Stadt, sie kritisieren primär eine oft unreflektierte Umsetzung

◩ Tab. 6.1 Anwendungsbeispiele für *Smart City* Projekte (Eremia et al. 2017: 17)

Anwendungsbereich	Merkmale	Beispiele
Gebäude	– digital unterstützte Gebäudetechnik, die die Vorteile von Kommunikations- und Steuerungssystemen nutzt	– Optimierung der Heizungs-, Lüftungs- und Klimatisierungssysteme
Bildung, Gesundheit	– Anwendungen, zur Verbesserung von Aktivitäten und zur Gewährleistung des Zugangs aller Bürger zu hochwertigen Dienstleistungen	– Überwachungs- und Notrufsysteme für ältere Menschen, Telemedizin
Energieversorgung	– digital unterstützte Energiesysteme, die Versorgungsunternehmen und Endverbraucher verbindet	– intelligente Stromnetze (Smart Grids), Optimierung des Netzbetriebs, Einhaltung der Umweltstandards, digital gesteuerte Beleuchtung des öffentlichen Raums
Parkraummanagement	– Ausstattung und Steuerung öffentlicher Pkw-Stellplätze mit Sensoren und Videoüberwachungsanlagen	– Steuerungs- und Überwachungsanlagen des ruhenden Verkehrs
Intelligente Verkehrssysteme	– Verkehrsüberwachung und Echtzeit-Optimierung unter Nutzung von Echtzeitdatenerfassung	– Verkehrssteuerung, dynamische Verkehrszeichenanlagen, mit Sensorik ausgestattete Lichtsignalanlagen

ohne ausreichende Abschätzung der Folgen für die Menschen und das Zusammenleben in der Stadt.

Technik- und Wachstumsparadigma

Die Lösungen der *Smart City* werden technologieinduziert gedacht und angestrebt (Kropp 2018: 34). Die Rolle von Technologie und digitaler Infrastruktur wird dabei als Garant für eine Verbesserung der Lebensqualität überhöht, ohne jedoch genau zu beschreiben, worin der Wert besteht, der gesteigert werden soll (Butzlaff 2020: 513). Wesentliche Treiber sind dabei die Diskurse globaler Konzerne, welche Visionen vom smarten Urbanismus produzieren und damit das Narrativ der heilbringenden Technologie dominieren (Rosol et al. 2018: 94). Die Städte reproduzieren dieses Narrativ und machen sich nicht nur von der Technologie abhängig, sondern auch von den Konzernen und Dienstleistern, die die Systeme planen, weiterentwickeln und warten.

Neben diesem Technikglauben und der damit verbundenen Tendenz, sich in eine Technikabhängigkeit zu begeben, ist ein zweites Narrativ des Technikparadigmas in der Idee einer wachstumszentrierten Wirtschaftsordnung verankert. Die Akteure der *Smart City* nehmen, wenn auch nur implizit, eine eher wettbewerbsorientierte und neoliberale Perspektive der Stadtentwicklung ein, die ökologische und soziale Ziele allzu oft in den Hintergrund drängt (March 2018).

Datenerfassung, Überwachung und Kontrolle

Die Technik, die Abläufe in der Stadt vereinfachen, die Sensoren, welche die Verkehrssteuerung ermöglichen, oder die Kameras, die die Sicherheit im öffentlichen Raum erhöhen sollen, eignen sich gleichermaßen dazu, die Bevölkerung zu überwachen und ihr Verhalten zu kontrollieren. Die Technik der *Smart City* kann Bewegungsprofile erstellen, Gesichter erkennen oder Energie- und Datenverbrauch messen (Butzlaff 2020: 512). Die Befürchtung einer totalen Überwachung ist keine Orwellsche Dystopie, ein Blick auf die Smart-City-Strategien mancher Regierungen zeigt, dass das Potenzial der Technik zur staatlichen Kontroll- und Machtausübung über städtische Räume und ihre Bevölkerung erkannt wurde (Eichenmüller und Michel 2018). Am fortgeschrittensten ist sicher das Sozialkredit-System der Regierung in China, welches auch mithilfe von Daten, die mittels Sensoren und Kameras im öffentlichen Raum erfasst werden, das Sozialverhalten der Menschen bewertet.

Der Wunsch, die Bevölkerung zu überwachen, ist kein alleiniges ein Phänomen von demokratiefernen Regierungen. Wenn auch in deutlich abgeschwächter Form, sind Tendenzen zur Überwachung des Verhaltens der Menschen ebenso in Nordamerika und Europa zu beobachten. Der Einsatz von Überwachungstechnik im öffentlichen Raum, einschließlich der Gesichtserkennung und ausgefeilter Datenanalyse, wird mit der öffentlichen Sicherheit begründet und als *Surveillance and Predictive Policing* bezeichnet (Vogiatzoglou 2019).

Bei der Betrachtung der Prozesse einer *Smart City* drängt sich geradezu die Frage nach Datenschutz und –souveränität auf. Die Problematik der massenhaften Datenverarbeitung und -analyse betrifft darüber hinaus den Schutz der Privatsphäre und Privatheit, diese erhalten einen herausgehobenen Stellenwert. Hierbei geht es um den Schutz von Werten, die mit der Integrität von Menschen verbunden sind. Damit sind jene Werte gemeint, die mit der Idee eines freiheitlich-demokratischen Staates verbunden sind (Löw und Rothmann 2016).

Umgang mit Partizipation und der Wandel vom Bürger zum Konsumenten

Ein Handlungsstrang der *Smart City* besteht in der Verbesserung von Partizipation der Bürgerinnen und Bürger, durch E-Governmentsysteme und digital vermittelte Formen der Beteiligung. Rosol et al. (2018: 92) weisen darauf hin, dass bei diesen Beteiligungsformen zum einen diejenigen zurück lassen, die nicht über die erforderlichen technischen Ressourcen verfügen oder sich schlicht dagegen entscheiden, digital gestützte Beteiligungsformate zu nutzen. Auf der anderen Seite besteht das Problem einer Scheinpartizipation, bei der die Bürgerinnen und Bürger zwar dazu ermutigt werden, Lösungen für praktische Probleme zu finden – indem sie beispielsweise an der Gestaltung einer Anwendung mitwirken –, bei der Gestaltung der zugrunde liegenden politischen Rationalitäten der Smart City aber außen vor bleiben. Dies untergräbt die Idee der Partizipation und führt dazu, dass die Menschen nur passiv und computergesteuert auf Ideen der Akteure reagieren.

In diesem Zusammenhang argumentiert Butzlaff (2020: 512), dass die Stadt und die Verwaltung zwar Partizipation und Offenheit anbieten, aber in erster Linie vorgefasste und vereinfachte Konsumentscheidungen ermöglichen. Indem das Konzept der *Smart City* darauf abzielt, die Menschen zu Konsumenten der durch die Technik ermöglichten Produkte zu machen, würden sie weiter in die Rolle des Verbrauchers gedrängt, anstatt digitale Technik und Prozesse mitzugestalten. Dahinter steht die Haltung einer technokratischen Überlegenheitshaltung, die die Menschen zu Empfängern einer optimierten Vorauswahl von Optionen degradiert.

Neirotti et al. (2014: 34) betonen, dass eine breite Palette von Investitionen in eine *Smart City* nicht zwangsläufig zu besseren oder lebenswerteren Städten führt. Statt ein hohes Maß an Transparenz, Beteiligung und Lebensqualität zu erreichen, könnten sich die Städte in panoptische Umgebungen verwandeln, in denen die Bürgerinnen und Bürger ständig überwacht und kontrolliert werden. Diese Kritik an der Technik, an den Prozessen und an den zugrunde liegenden Rationalitäten führt zu der Forderung einer Abkehr von diesem Herangehen. Weniger die *Smart City*, auch nicht eine Alternative zur *Smart City*, sondern vielmehr eine gerechte Stadt und ein gerechter Urbanismus im Zeitalter der Digitalisierung sollte die Diskussion bestimmen (Rosol et al. 2018: 94).

6.2 Smart Mobility

Wenn über Mobilität und Verkehr im Kontext der *Smart City* gesprochen wird, fällt häufig der Begriff *Smart Mobility*. In der Mobilitäts- und Verkehrsforschung ist *Smart Mobility* ebenfalls kein etablierter Begriff, sondern versteht sich als Programm von Politik, Stadtentwicklung oder Industrie. Das bedeutet, dass *Smart Mobility* und die darüber eingebrachten Ideen von einzelnen Akteuren je nach Perspektive und Partikularinteresse ausgelegt wird. Ebenso wie dem übergeordneten *Smart City* Konzept basiert *Smart Mobility* auf einem technokratischen Paradigma, also dem Glauben, dass Technik die Probleme des Verkehrs in der Stadt lösen kann. Das Paradigma bezieht sich dabei auf die Vorstellung, dass Technik – und im Zusammenhang mit der *Smart City* insbesondere Informations- und Kommunikationssysteme – der beste Weg zur Lösung komplexer gesellschaftlicher

Probleme darstellt. Es wird angenommen, dass Technik objektiv, neutral und effizient ist und dass ihre Anwendung eine Möglichkeit der Problemlösung bietet (vgl. Porter und Dungey 2021). Unabhängig davon hat die Einführung digitaler Systeme in der Stadt- und Verkehrsplanung zu einem umfassenden Wandel der Verkehrssteuerung und -organisation geführt.

6.2.1 Definition und Ziele der Smart Mobility

Mobilität und Verkehr nehmen im Konzept der *Smart City* eine Schlüsselposition ein. In diesem Bereich befasst sich die *Smart City* mit der Effizienz des Verkehrsnetzes, um den Verkehr in einer Stadt reibungslos abzuwickeln, sowie mit den Bedingungen der täglichen Mobilität, die sich auf die Lebensqualität der Menschen auswirkt.

> Definition: *Smart Mobility* ist das Anwendungsfeld einer *Smart City*, das den Einsatz digitaler Technologien im Bereich von Mobilität und Verkehr nutzt, um eine nachhaltige, sichere und effiziente Fortbewegung in einer Stadt oder Region zu fördern und auf die Bedürfnisse der Menschen auszurichten. Datenanalyse und digitale Vernetzung werden eingesetzt, um Verkehrsflüsse zu optimieren, den öffentlichen Verkehr zu verbessern und alternative Mobilitätsangebote zu fördern (Munhoz et al. 2020: 4 f.).

Neben der Stadtverwaltung, vertreten durch die Verkehrsplanungsämter, sind Akteure im Bereich der *Smart Mobility* die Unternehmen des öffentlichen Verkehrs, private Mobilitätsdienstleister, wie Sharing-Unternehmen oder Ridehailing-Plattformen, sowie Unternehmen aus dem Technologie- und Automobilsektor.

Die Ziele, die den *Smart Mobility* Initiativen zugrunde liegen, lassen sich zu fünf Kategorien zusammenfassen (Benevolo et al. 2016: 15 f.):

1. Verringerung der Umwelt- und Klimabelastungen
2. Erhöhung des Verkehrsflusses und Verringerung von Verkehrsstockungen
3. Erhöhung der Sicherheit im Verkehr, Verringerung von Unfällen und kritischen Situationen
4. Verringerung der Lärmbelastung
5. Verbesserung der Verknüpfung von öffentlichen Verkehrsangeboten

Diese Ziele sollen sowohl für die Kommunen als auch für die Bevölkerung eine Reihe von Vorteilen und Verbesserungen bringen (◻ Abb. 6.2). Die Initiativen zur Einführung von *Smart Mobility* zielen darauf ab, der Bevölkerung eine einfache und ungebremste Fortbewegung zu ermöglichen sowie die Orientierung zu erleichtern. Die Kommunen erhalten Instrumente zur Verkehrssteuerung und nachhaltiger Stadtentwicklung (Paiva et al. 2021: 2).

▶ Praxisbeispiel

Die Stadt München hat in einer umfangreichen *Smart City* Initiative (Smarter Together München) zwischen den Jahren 2016 und 2021 auch *Smart Mobility* Projekte umgesetzt. Das Smarter Together Gesamtprojekt umfasste ein Gesamtvolumen von 6,85 Mio. EUR für die Stadt München, das von der Europäischen Kommission finanziert wurde. Im Handlungsfeld Mobilität leitete die Münchner Verkehrsgesellschaft ein Pilotvorhaben für die Umsetzung von multimodalen Mobilitätsstationen. Die acht Mobilitätsstationen verknüpften das Angebot des öffentlichen Verkehrs mit zusätzlichen Mobilitätsdienstleistungen. Dazu gehörte ein Bike-Sharing Angebot, mit Fahrrädern, E-Bikes und Lastenrädern, sowie Carsharing Fahrzeuge (Landeshauptstadt München 2021). Dieses Pilotprojekt führte dazu, dass sich die Stadt entschloss, das Konzept der Mobilitätsstationen auf das gesamte Stadtgebiet auszurollen. So hat der Stadtrat im Jahr 2022 in einer Teilstrategie Shared Mobility beschlossen, bis zu 200 Mobilitätsstationen in München zu installieren. ◄

6.2.2 **Anwendungsfelder**

Smart Mobility erstreckt sich über alle Anwendungen im Mobilitäts- und Verkehrsbereich, die durch digitale Systeme unterstützt werden – von MaaS über Sharing-Dienste bis hin zu digital vernetzten Infrastrukturen. Die Kommunen setzen einen Fokus auf die Entwicklung und Einführung von sogenannten intelligenten Verkehrssystemen (Intelligent Transportation Systems). Dabei handelt es sich um einen Sammelbegriff für all jene Anwendungen der Smart Mobility, die sich zur Aufgabe gesetzt haben, Fahrzeuge, Verkehrsteilnehmende und Infrastruktur digital zu vernetzten und zu steuern. Da es sich bei den intelligenten Verkehrssystemen um eines der Kernanwendungsfelder handelt und viele weitere Projekte auf diese Systeme aufbauen, wird es weiter unter ausführlicher vorgestellt (siehe Abschn. 6.3). Die folgend aufgeführten drei Anwendungsfelder – Smart Parking, Open Data und automatisiertes Fahren – stehen daher nur beispielhaft für die Möglichkeiten von *Smart Mobility* (Can Bıyık et al. 2021: vgl.).

Smart Parking Systems (intelligente Parksysteme)

Intelligente Parksysteme überwachen die Verfügbarkeit von Stellplätzen für den motorisierten Individualverkehr. Sensoren erfassen die An- und Abfahrt von Fahrzeugen

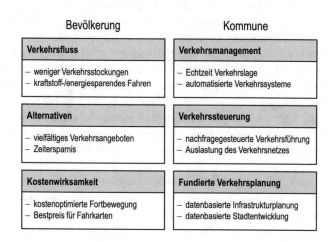

◻ Abb. 6.2 Vorteile von *Smart Mobility* für Bevölkerung und Kommune (Paiva et al. 2021: 2)

und speisen die Informationen in ein Hintergrundsystem ein. Die Bereitstellung dieser Informationen soll dazu dienen, schnell einen geeigneten und freien Parkplatz zu finden und damit Zeit und Kraftstoff zu sparen. Für die Stadt bedeutet es weniger Parksuchverkehr und damit eine insgesamt geringere Verkehrsbelastung. Faria et al. (2017: 5) nennen vier Arten von intelligenten Parksystemen:

1. Das *Parkleitsystem* liefert dynamische Informationen über verfügbare Stellplätze für entsprechend ausgestattete und überwachte Parkierungsanlage. Die Systeme umfassen Verkehrsüberwachungs- und Kommunikationstechnik. Statische und dynamische Anzeigetafeln geben die Informationen an den fließenden Verkehr weiter.
2. Das *transitbasierte Informationssystem* konzentriert sich auf die Lenkung zu Park-and-Ride-Einrichtungen (zumeist in Randlage befindliche Verknüpfungspunkte zum öffentlichen Verkehr). Es bietet Echtzeitinformationen über den Status von Stellplätzen und dem Fahrplan der öffentlichen Verkehrsmittel.
3. Das *E-Parking* ermöglicht das Abfragen und die Buchung von Stellplätzen in einer Parkierungsanlage. Die Nutzenden können im Vorfeld einen Parkplatz buchen.
4. Das *automatisierte Parken* beinhaltet letztlich den Einsatz eines Systems, das ein Fahrzeug automatisch zu einem zugewiesenen Stellplatz führt. Diese Systeme sind so konzipiert, dass die für das Abstellen von Fahrzeugen benötigte Fläche minimiert wird.

Open-Data und Open-Source

Open-Data (Offene Daten) beschreibt die Idee, dass Daten von öffentlichem Interesse frei zugänglich und nutzbar sein sollten, damit sie von allen verwendet werden können. *Open-Source* (Offener Quellcode) hingegen bezieht sich auf Software, deren Quellcode öffentlich zugänglich ist und frei verwendet werden kann. Beide Konzepte können für *Smart Mobility* genutzt werden, um Verkehrsbedingungen zu verbessern. Die von den Kommunen erfassten Daten können, sofern sie frei verfügbar sind, in die Verbesserung von Verkehrsdienstleistungen eingehen. Das Open-Data-Gesetz regelt den Zugang zu und die Verfügbarkeit von Verwaltungsdaten in Deutschland. Es bildet die Grundlage für die Bereitstellung offener Daten. Ein Beispiel für die Nutzung frei verfügbarer Daten sind Echtzeit-Verkehrsdaten, die von Navigationsanwendungen genutzt werden, um Verkehrsprobleme zu identifizieren und alternative Routen vorzuschlagen. Auch die Freigabe von Informationen über die Nutzung von öffentlichen Verkehrsmitteln, wie etwa Daten über Fahrgastzahlen und Fahrpläne, nutzen Drittanwender, um sie in ihre Auskunfts- und Buchungssysteme zu integrieren (Greveler 2022; Schmidt et al. 2015). *Open-Source Software* hingegen wird für Anwendungen und Plattformen alternativer Mobilitätsangebote verwendet, sodass auch Akteure, die über weniger Ressourcen verfügen, eigene Lösungen entwickeln können. So etwa im Sharing-Bereich, wo manche nicht kommerzielle Angebote (wie der Lastenrad-Verleih) durch *Open-Source Software* eigene professionelle Dienste entwickeln (Kunde et al. 2018).

Big Data – Modellierung großer Datenmengen

Der Begriff *Big Data* bezeichnet große und komplexe Datenmengen, die nur mit erheblichen Rechenaufwand analysiert werden können. Im Verkehrsbereich – insbesondere unter den Bedingungen der *Smart City* – werden erhebliche Mengen an Daten erzeugt. Diese Daten bilden die Grundlage für eine Reihe von Anwendungsmöglichkeiten:

1. Die Analyse von GPS-Daten, Daten mobiler Endgeräte und von Sensoren in der Infrastruktur, um Verkehrsströme und -muster zu erkennen und für die Verkehrsplanung nutzbar zu machen.
2. Die Nutzung von Floating Car Data (Daten, die von einem Fahrzeug generiert werden) für Erreichbarkeitsanalysen in Echtzeit. Die Auswertung von Daten aus Verkehrsüberwachungskameras, um Verkehrsströme in Echtzeit zu überwachen.
3. Die Beobachtung von sozialen Medien und anderen Quellen, um Daten über die öffentliche Wahrnehmung und Nutzung von Verkehrssystemen zu sammeln und zu analysieren.

Dies sind nur einige Beispiele für die vielfältigen Einsatzmöglichkeiten von Big-Data-Analysen im Verkehr (vgl. Hochgürtel 2018). Die Einführung von Internet of Things Anwendungen, Mobilfunkdaten und Daten von Anwendungen mobiler Endgeräte haben zu einem enormen Anstieg der Datenmengen geführt. Zunehmend werden diese Daten für die vorausschauende Planung genutzt – also die Steuerung von Verkehrsbeeinflussungsanlagen, bevor es zu Problemen im Verkehrsfluss kommt, oder für eine vorausschauende Instandhaltung der Straßeninfrastruktur (Predictive Maintenance) (Heggenberger und Mayer 2018).

Automatisiertes und autonomes Fahren

Die Automatisierung des Verkehrs, sowohl des motorisierten Individualverkehrs als auch des öffentlichen Verkehrs, setzt eine Vernetzung zwischen Fahrzeugen, Infrastruktur und anderen Verkehrsteilnehmenden voraus. Aus diesem Grund wird die *Smart City,* und mit ihr das *Smart Mobility,* mit ihren verschiedenen Anwendungsbereichen immer wieder als Grundlage für die Umsetzung des automatisierten Fahrens in der Stadt genannt (Yaqoob et al. 2020). Konnektivität ist eine Voraussetzung für den sicheren Betrieb autonomer Fahrzeuge. Die Fahrzeuge sind auf Daten zum Verkehrsgeschehen, zur Infrastruktur und der Verkehrssteuerung angewiesen. Hinzu kommt die Datenverbindung mit anderen Fahrzeugen, um das Fahrverhalten vorausschauend berechnen zu können.

Bei der Ausrüstung der Verkehrsinfrastruktur mit Sensoren und Kommunikationselementen stellt sich insbesondere beim autonomen Fahren die Frage, inwiefern der Mensch berücksichtigt wird. Hier scheint einmal mehr der Glaube, die Technik würde unsere Probleme lösen, irreführend zu sein. Es ist wahrscheinlich, dass die Einführung autonomer Verkehrssysteme den Wunsch auslöst, die Komplexität des Verkehrsgeschehens durch eine weitere Entflechtung der Verkehrsarten zu reduzieren. Zwangsläufig wird dabei der nicht-motorisierte Verkehr weiter marginalisiert. Denn im automatisierten Verkehr ist der Mensch das unberechenbare Element, entzieht er sich doch der Programmierung (Wilde und Klinger 2017: 37).

6.2.3 Smart Mobility in der Kritik

Die bereits bei der Kritik an der *Smart City* angesprochene Technologieorientierung und deren Folgen trifft auch auf *Smart Mobility* zu, hat aber im Hinblick auf die Gestaltung einer nachhaltigen Mobilität eine eigene Qualität.

Manifestierung autozentrierter Verkehrsplanung

Der motorisierte Individualverkehr dominiert die Initiativen und Projekte im Bereich *Smart Mobility*. Die Strategien konzentrieren sich auf die Umrüstung von Lichtsignalanlagen zur weiteren Verflüssigung des motorisierten Verkehrs, wollen den Parksuchverkehr durch Smart Parking reduzieren und bereiten das automatisierte und autonome Fahren vor. Mobilität wird von den Akteuren nach wie vor primär als motorisierter Verkehr interpretiert. In der Folge werden Fuß- und Radverkehr marginalisiert und der motorisierte Verkehr privilegiert, was zu einer Manifestierung der autozentrierten Verkehrsplanung führt (Strüver und Bauriedl 2020: S. 103).

Ignorieren von Gender-Aspekten und Vielfalt

Die Verkehrsplanung in Deutschland steht generell in dem Ruf, Genderaspekte, die Diversität der Bevölkerung und die Belange von Kindern zu vernachlässigen (Loukaitou-Sideris 2020; Scheiner 2019). In den Konzepten der *Smart Mobility* scheint diese Vernachlässigung noch stärker ausgeprägt zu sein. Denn es wird wenig darauf geachtet, wie sich *Smart Mobility* auf den Zugang, die Sicherheit, die Leichtigkeit oder den Komfort der Fortbewegung von Frauen und marginalisierten Gruppen auswirkt. Die Gestaltung digital gestützter Mobilitätsdienstleistungen und deren Geschäftsmodelle scheinen weniger inklusiv zu sein, als sie von den Anbietern vermarktet werden (Singh 2020: S. 12). Insofern vergrößert die Umsetzung von *Smart Mobility* den Gender Gap in der Mobilitäts- und Verkehrsplanung, anstatt ihn zu schließen (Gauvin et al. 2020)

Wirtschaftsinteressen vor Gemeinwohl

Die Akteure im Bereich *Smart Mobility* verfolgen jeweils eigene Ziele und Interessen. Die Städte versuchen, die wachsenden Verkehrsprobleme und Umweltbelastungen in den Griff zu bekommen. Bei den Unternehmen, die die Technik herstellen, sieht es anders aus. Auch wenn die kommerziellen Akteure ihre Dienstleistungen als Problemlösung anbieten, darf nicht verkannt werden, dass es ihnen darum geht, einen Markt zu schaffen, auf dem sie ihre Produkte absetzen können – ihr Interesse ist also immer auch profitorientiert. Es stellt sich die Frage, ob die am Gemeinwohl orientierten Ziele hier nicht als Vorwand dienen, um Unternehmensinteressen durchzusetzen, im Zweifelsfall aber die Aussicht auf Profit im Vordergrund steht.

Insofern ist ein Interessenausgleich in zwei Richtungen erforderlich. Zum einen ist es notwendig, die Interessen von Wirtschaft und Gemeinwohl in Einklang zu bringen. Zum anderen ist der Marktzugang so zu regeln, dass kein Marktteilnehmer gegenüber einem anderen einen Vorteil erlangt. Insbesondere der Marktzugang stellt in einer sich immer deutlicher abzeichnenden Ökonomie proprietärer Plattformen eine Herausforderung dar. Die Technologiekonzerne, die Plattformen in der Mobilitätsindustrie entwickeln und betreiben, sind dabei an einem geschlossenen System mit marktbeherrschender Stellung interessiert. Andernfalls gefährden sie ihren wirtschaftlichen Erfolg.

6.3 Vernetzte Fahrzeuge und Infrastruktur

Die Vernetzung von Fahrzeugen und Infrastruktur wird in der Architektur der intelligenten Verkehrssysteme zusammengeführt. Intelligente Verkehrssysteme (IVS) – englisch:Intelligent Transport Systems (ITS) – sind Systeme, die sich aus Informations-, Kommunikations-, Sensor- und Steuerungstechnologien zusammensetzen und darauf ausgelegt sind, den Verkehrsablauf in einer Stadt oder Region unter verschiedenen Gesichtspunkten zu verbessern. Als grundsätzliches Ziel wird allgemein die Erhöhung der Leistungsfähigkeit der Verkehrsnetze genannt und speziell auf die Verringerung volkswirtschaftlicher Verluste und Umweltbelastungen sowie die Erhöhung der Verkehrssicherheit verwiesen (Albrecht et al. 2022: S. 4). Indem ITS die Systemarchitektur für die Vernetzung aller Komponenten eines Verkehrssystems darstellen, gilt sie als Basis für alle weiteren Anwendungen der *Smart Mobility*.

6.3.1 ITS in der Europäischen Union

In vielen Ländern der Europäischen Union bildete die Richtlinie 2010/40/EU des europäischen Parlaments und des Rates vom 7. Juli 2010 den Einstieg in intensivere Bemühungen zur Einführung intelligenter Verkehrssysteme. Die Richtlinie beschreibt den Rahmen für die Einführung intelligenter Verkehrssysteme im Straßenverkehr. Voranginge Bereiche sind:
- die optimale Nutzung von Straßen-, Verkehrs- und Reisedaten
- Kontinuität der IVS-Dienste in den Bereichen Verkehrs- und Frachtmanagement
- ITS-Anwendungen für die Straßenverkehrssicherheit
- Verbindung zwischen Fahrzeug und Verkehrsinfrastruktur (Europäisches Parlament und Rat der Europäischen Union 2010)

In Deutschland führte die Richtlinie zum Gesetz über Intelligente Verkehrssysteme im Straßenverkehr und deren Schnittstellen zu anderen Verkehrsträgern (IVSG), das im Jahr 2013 in Kraft getreten ist. Damit legte die Bundesrepublik die gesetzliche Grundlage, für die Einführung von Intelligenten Verkehrssystemen im Straßenverkehr.

Die Anwendungsfelder der ITS sind dabei ebenso vielfältig, wie die unterschiedlichen Verfahren und Vorgehensweisen zu ihrer Einführung. Sie erstrecken sich vom Verkehrsmanagement und der Verkehrssteuerung, über die Notfallerkennung und dem Rettungsdienst bis hin zur Unterstützung bei der Bildung von Strategien und Konzepten im Verkehrssektor (◘ Abb. 6.3). Von daher kann man die intelligenten Verkehrssysteme nicht als ein einzelnes Konzept behandeln, sondern sollte sie vielmehr als eine Überkategorie von Maßnahmen zur Integration von Informations- und Kommunikationstechnik im Verkehr auffassen.

Die in den Ländern der Europäischen Union umgesetzten Projekte zur Einführung von intelligenten Verkehrssystemen gehören in der Regel einem von vier Schwerpunkten an:

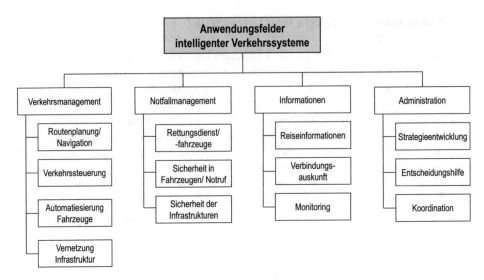

□ Abb. 6.3 Beispiele für Anwendungsfelder intelligenter Verkehrssysteme (angelehnt an Stawiarska und Sobczak 2018: 4)

— Mit der sensorgestützten Steuerung von Lichtsignalanlagen wird versucht, den motorisierten Verkehr flüssig zu halten und Verkehrsstockungen zu vermeiden. Dabei werden die Lichtsignalanlagen abhängig von der Verkehrsstärke geschaltet. Die Besonderheit dabei ist, dass die Anlagen untereinander vernetzt sind, sodass die Steuerung im Verbund erfolgen kann.

— Entlang von Autobahnen werden intelligente Verkehrssysteme ebenfalls zur Steuerung des Verkehrsflusses eingesetzt. Hier regeln Wechselverkehrszeichen zumeist die Geschwindigkeit und sperren oder öffnen Fahrspuren.

— Bei der Abrechnung von Straßenbenutzungsgebühren (allgemein als Maut bezeichnet) kommen ebenfalls vernetzte Systeme zum Einsatz. Sie ermöglichen eine nutzungsabhängige Bepreisung sowie eine automatisierte Kontrolle.

— Im Bereich des öffentlichen Personennahverkehrs werden intelligente Verkehrssysteme zur dynamischen Fahrgastinformation oder auch zur Steuerung von Vorrangschaltungen an Lichtsignalanlagen eingesetzt.

Anhand dieser Bereiche wird deutlich, dass der Schwerpunkt der Maßnahmen intelligenter Verkehrssysteme neben dem öffentlichen Verkehr auf der Steuerung des motorisierten Individualverkehrs liegt. Diese Schwerpunktsetzung ergibt sich einmal mehr aus dem Problemdruck, der ein übermäßiger Kfz-Verkehr erzeugt. Die Lösungen setzen allerdings mehr auf Effizienzgewinne im Verkehr, als auf Maßnahmen zur Verbesserung des Verkehrsflusses. Dass intelligente Verkehrssysteme aber auch zur Reduzierung des motorisierten Individualverkehrs eingesetzt werden können, zeigen Systeme, die das Instrument der City-Maut technisch umsetzen. Bei der City-Maut handelt es sich um eine Gebühr, die für das Befahren eines definierten Bereichs einer Stadt mit einem Kraftfahrzeug zu entrichten ist. Durch die Erhöhung der Nutzungskosten führt sie zu einer Reduktion des motorisierten

Individualverkehrs und zu einer Verlagerung auf alternative Verkehrsmittel (Gabler 2012). Einige Städte, die eine City-Maut eingeführt haben, nutzen intelligente Verkehrssysteme zur Gebührenabrechnung und Einfahrtskontrolle.

> ▶ **Praxisbeispiel**
>
> Im Jahr 2006 führte die Stadt Stockholm zunächst versuchsweise für sieben Monate eine City-Maut ein. Es folgte ein Entscheid der Bürgerinnen und Bürger, bei dem sich eine Mehrheit für die Gebühr aussprach. Daraufhin wurde die City-Maut im August 2007 als Regelbetrieb wieder eingeführt und ist seitdem in Kraft. Die gebührenpflichtige Zone umfasst eine Fläche von circa 30 Quadratkilometern der Stockholmer Innenstadt, wobei in jeder Fahrtrichtung eine zeitlich gestaffelte Mautgebühr erhoben wird. Für die Abrechnung wird eine Technik namens Automatic Number Plate Recognition (ANPR) eingesetzt. Durch die Erfassung der Nummernschilder mittels Videokameras erkennt das System automatisch die Ein- und Ausfahrtszeiten der Fahrzeuge und berechnet auf dieser Basis die Nutzungsgebühr (Börjesson und Kristoffersson 2018). Die City-Maut führte zu einem Rückgang des Verkehrs innerhalb der Mautzone um circa 20 % und damit zu einer spürbaren Entlastung des Verkehrs in und um die Stadt (Eliasson 2014: S. 2). ◀

Ein nächster Schritt intelligenter Verkehrssysteme zur Vermeidung von Verkehr in Zusammenhang mit Straßennutzungsgebühren könnte die Einführung dynamischer, also verkehrsabhängiger, Gebühren sein. Hierbei fließt die Nachfrage in die Berechnung der Gebührenhöhe ein, ähnlich dem *surge pricing* der Ridehailing-Dienstleister. Ausgangspunkt ist nicht die Gewinnmaximierung, sondern vielmehr die Wirkung auf Verkehrsvermeidung und -lenkung (Aung et al. 2020).

6.3.2 Normen und Standards

Im Bereich der intelligenten Verkehrssysteme gibt es eine Vielzahl von Normen und definierten Prozessen. Diese Normen konkretisieren unter anderem Standards für die Architektur von Kommunikationssystemen, das Zusammenspiel von Komponenten oder die Verwendung von Kommunikationsprotokollen und Datenaustauschformaten. Um einen Einblick in die Vielfalt der Regelwerke und deren Inhalte zu geben, sind hier drei Beispiele aufgeführt:

- ISO/TS 19091:2019, Intelligent transport systems – Cooperative ITS – Using V2I and I2V communications for applications related to signalized intersections: Diese Norm behandelt Datenstrukturen zur Unterstützung der Kommunikation zwischen Elementen der Straßeninfrastruktur und Fahrzeugen, um Anwendungen zur Verbesserung der Sicherheit, des Verkehrsflusses und der Umweltverträglichkeit zu unterstützen. Um sicherzustellen, ob die verwendeten Datenelemente den Anwendungen der Norm entsprechen, enthält sie einen Systementwicklungsprozess.
- ISO 14813-1:2015, Intelligent transport systems – Reference model architecture(s) for the ITS sector: Die Norm beschreibt die Referenzarchitektur für Verkehrsmanagementzentralen und definiert die Funktionen und Schnittstellen, die in einer Verkehrsmanagementzentrale vorhanden sein sollten. Verkehrsmanagementzentralen sind wichtige Komponenten intelligenter Verkehrssysteme, da sie

in der Lage sind, Verkehrsinformationen zu sammeln, zu analysieren und darauf zu reagieren.

— ISO/TR 20529-1:2017, Intelligent transport systems – Framework for green ITS (G-ITS) standards: Diese Norm bietet einen Rahmen für die Ermittlung kosteneffizienter Technik, die für die Einführung, das Management und den Betrieb intelligenter Verkehrssysteme zur Gestaltung nachhaltiger Mobilität erforderlich sind. Sie baut auf bestehenden Normen und Verfahren für Verkehrsbetriebs– und –managementsysteme auf und zielt darauf ab, den Bedarf an nachhaltiger Mobilität in Megastädten oder Entwicklungsländern zu decken.

Dies sind nur drei Beispiele von über 170 Spezifikationen der International Organization for Standardization (ISO), die sich im weitesten Sinne mit Anwendungen intelligenter Verkehrssysteme befassen. Hinzu kommen nationale Regelwerke, die nicht minder umfangreich sind.

6

Literatur

Albrecht, Hanfried/Rausch, Jessica/Reußwig, Achim/Schulz, Susanne/Böhme, Heiko (2022): IVS-Referenzarchitektur für zuständigkeitsübergreifendes Verkehrsmanagement. Projekt FE 03.0531/2011/ IRB. Bergisch Gladbach: Bundesanstalt für Straßenwesen.

Aung, Nyothiri/Zhang, Weidong/Dhelim, Sahraoui/Ai, Yibo (2020): T-Coin: Dynamic Traffic Congestion Pricing System for the Internet of Vehicles in Smart Cities. In: Information 11(3), S. 149. ► https://doi.org/10.3390/info11030149.

Batty, M./Axhausen, K. W./Giannotti, F./Pozdnoukhov, A./Bazzani, A./Wachowicz, M. et al. (2012): Smart Cities of the Future. In: The European Physical Journal Special Topics 214(1), S. 481–518. ► https://doi.org/10.1140/epjst/e2012-01703-3.

Benevolo, Clara/Dameri, Renata Paola/D'Auria, Beatrice (2016): Smart Mobility in Smart City: Action Taxonomy, ICT Intensity and Public Benefits. In: Torre, Teresina/Braccini, Alessio Maria/Spinelli, Riccardo (Hrg.): Empowering Organizations, Bd. 11. Cham: Springer International Publishing. S. 13–28. (= Lecture Notes in Information Systems and Organisation) ► https://doi.org/10.1007/978-3-319-23784-8_2.

Börjesson, Maria/Kristoffersson, Ida (2018): The Swedish Congestion Charges: Ten Years On. In: Transportation Research Part A: Policy and Practice 107, S. 35–51. ► https://doi.org/10.1016/j.tra.2017.11.001.

Butzlaff, Felix (2020): Smart Cities. In: Klenk, Tanja/Nullmeier, Frank/Wewer, Göttrik (Hrg.): Handbuch Digitalisierung in Staat und Verwaltung. Wiesbaden: Springer Fachmedien Wiesbaden. S. 507–516. ► https://doi.org/10.1007/978-3-658-23668-7_46.

Can Bıyık/Abareshi, Ahmad/Paz, Alexander/Ruiz, Rosa Arce/Battarra, Rosaria/Rogers, Christopher D. F./Lizarraga, Carmen (2021): Smart Mobility Adoption: A Review of the Literature. In: Journal of Open Innovation: Technology, Market, and Complexity 7(2), S. 146. ► https://doi.org/10.3390/joitmc7020146.

Cantuarias-Villessuzanne, Carmen/Weigel, Romain/Blain, Jeffrey (2021): Clustering of European Smart Cities to Understand the Cities' Sustainability Strategies. In: Sustainability 13(2), S. 513. ► https://doi.org/10.3390/su13020513.

Eichenmüller, Christian/Michel, Boris (2018): Smart Cities in Indien: Fortschreibung einer Geschichte modernistischer Stadtplanung. In: Bauriedl, Sybille/Strüver, Anke (Hrg.): Smart City: Kritische Perspektiven auf die Digitalisierung in Städten. Bielefeld: transcript. S. 99–108. (= Urban studies) ► https://doi.org/10.14361/9783839443361-007.

Eliasson, Jonas (2014): The Stockholm Congestion Charges: An Overview. Stockholm: Centre for Transport Studies Stockholm.

Eremia, Mircea/Toma, Lucian/Sanduleac, Mihai (2017): The Smart City Concept in the 21st Century. In: Procedia Engineering 181, S. 12–19. ► https://doi.org/10.1016/j.proeng.2017.02.357.

Europäisches Parlament/Rat der Europäischen Union (Hrg.) (2010): Richtlinie 2010/40/EU des Europäischen Parlaments und des Rates vom 7. Juli 2010 zum Rahmen für die Einführung intelligenter Verkehrssysteme im Straßenverkehr und für deren Schnittstellen zu anderen Verkehrsträgern. In: Amtsblatt der Europäischen Union L207, S. 1–13.

Faria, Ricardo/Brito, Lina/Baras, Karolina/Silva, Jose (2017): Smart Mobility: A Survey. Präsentiert auf: 2017 International Conference on Internet of Things for the Global Community (IoTGC), 2017 International Conference on Internet of Things for the Global Community (IoTGC). Funchal, Portugal: IEEE. S. 1–8. ▶ https://doi.org/10.1109/IoTGC.2017.8008972.

Gauvin, Laetitia/Tizzoni, Michele/Piaggesi, Simone/Young, Andrew/Adler, Natalia/Verhulst, Stefaan et al. (2020): Gender Gaps in Urban Mobility. In: Humanities and Social Sciences Communications 7(1), S. 1–10. ▶ https://doi.org/10.1057/s41599-020-0500-x.

Greveler, Ulrich (2022): Nutzbarmachung offener Daten und Open-Government-Services zur Schaffung unabhängiger Mobilitätsplattformen. In: Proff, Heike (Hrg.): Transforming Mobility – What Next? Wiesbaden: Springer Fachmedien Wiesbaden. S. 703–710. ▶ https://doi.org/10.1007/978-3-658-36430-4_41.

Harrison, C./Eckman, B./Hamilton, R./Hartswick, P./Kalagnanam, J./Paraszczak, J./Williams, P. (2010): Foundations for Smarter Cities. In: IBM Journal of Research and Development 54(4), S. 1–16. ▶ https://doi.org/10.1147/JRD.2010.2048257.

Heggenberger, Ramona/Mayer, Caroline (2018): Predictive Analytics in der Mobilitätsbranche. In: Wagner, Harry/Kabel, Stefanie (Hrg.): Mobilität 4.0 – neue Geschäftsmodelle für Produkt- und Dienstleistungsinnovationen. Wiesbaden: Springer Fachmedien Wiesbaden. S. 1–29. ▶ https://doi.org/10.1007/978-3-658-21106-6_1.

Hochgürtel, H. (2018): GPS- und Mobilfunkdaten in Verkehrsplanung und Verkehrsmanagement. In: Proff, Heike/Fojcik, Thomas Martin (Hrg.): Mobilität und digitale Transformation. Wiesbaden: Springer Fachmedien Wiesbaden. S. 597–608. ▶ https://doi.org/10.1007/978-3-658-20779-3_37.

Kozlowski, Wojciech/Suwar, Kacper (2021): Smart City: Definitions, Dimensions, and Initiatives. In: European Research Studies Journal XXIV(Special Issue 3), S. 509–520. ▶ https://doi.org/10.35808/ersj/2442.

Kropp, Cordula (2018): Intelligente Städte: Rationalität, Einfluss und Legitimation von Algorithmen. In: Bauriedl, Sybille/Strüver, Anke (Hrg.): Smart City: Kritische Perspektiven auf die Digitalisierung in Städten. Bielefeld: transcript. S. 33–42. (= Urban studies) ▶ https://doi.org/10.1515/9783839443361-002.

Kunde, Felix/Pape, Sebastian/Fröhlich, Sven (2018): Überblick zu existierenden Plattformen für Mobilität und Verkehr. In: Wiesche, Manuel/Sauer, Petra/Krimmling, Jürgen/Krcmar, Helmut (Hrg.): Management digitaler Plattformen. Wiesbaden: Springer Fachmedien Wiesbaden. S. 13–24. (= Informationsmanagement und digitale Transformation) ▶ https://doi.org/10.1007/978-3-658-21214-8_2.

Landeshauptstadt München (Hrg.) (2021): Smarter Together München – Aktivitäten und Ergebnisse 2016–2021. München: Landeshauptstadt München, Referat für Arbeit und Wirtschaft. ▶ https://www.wirtschaft-muenchen.de/produkt/smarter-together-muenchen/ (12.06.2023).

Loukaitou-Sideris, Anastasia (2020): A Gendered View of Mobility and Transport: Next Steps and Future Directions. In: Sánchez de Madariaga, Inés/Neuman, Michael (Hrg.): Engendering Cities: Designing Sustainable Urban Spaces for All. New York: Routledge. S. 19–37.

Löw, Martina/Rothmann, Lea (2016): Privatsphäre in Smart Cities. Eine raumsoziologische Analyse. In: Meier, Andreas/Portmann, Edy (Hrg.): Smart City. Wiesbaden: Springer Fachmedien Wiesbaden. S. 75–101. (= Edition HMD) ▶ https://doi.org/10.1007/978-3-658-15617-6_4.

March, Hug (2018): The Smart City and Other ICT-Led Techno-Imaginaries: Any Room for Dialogue with Degrowth? In: Journal of Cleaner Production 197, S. 1694–1703. ▶ https://doi.org/10.1016/j.jclepro.2016.09.154.

Mertens, Artur/Ahrend, Klaus-Michael/Kopsch, Anke/Stork, Werner (Hrg.) (2021): Smart Region: die digitale Transformation einer Region nachhaltig gestalten. Wiesbaden [Heidelberg]: Springer Gabler. ▶ https://doi.org/10.1007/978-3-658-29726-8.

Munhoz, Paulo Antonio Maldonado Silveira Alonso/da Costa Dias, Fabricio/Kowal Chinelli, Christine/Azevedo Guedes, André Luis/Neves dos Santos, João Alberto/da Silveira e Silva, Wainer/Pereira Soares, Carlos Alberto (2020): Smart Mobility: The Main Drivers for Increasing the Intelligence of Urban Mobility. In: Sustainability 12(24), S. 10675. ▶ https://doi.org/10.3390/su122410675.

Neirotti, Paolo/De Marco, Alberto/Cagliano, Anna Corinna/Mangano, Giulio/Scorrano, Francesco (2014): Current Trends in Smart City Initiatives: Some Stylised Facts. In: Cities 38, S. 25–36. ► https://doi.org/10.1016/j.cities.2013.12.010.

Paiva, Sara/Ahad, Mohd/Tripathi, Gautami/Feroz, Noushaba/Casalino, Gabriella (2021): Enabling Technologies for Urban Smart Mobility: Recent Trends, Opportunities and Challenges. In: Sensors 21(6), S. 2143. ► https://doi.org/10.3390/s21062143.

Porter, Gina/Dungey, Claire (2021): Innovative Field Research Methodologies for More Inclusive Transport Planning: Review and Prospect. In: Advances in Transport Policy and Planning, Bd. 8. Elsevier. S. 273–303. ► https://doi.org/10.1016/bs.atpp.2021.06.006.

Rosol, Marit/Blue, Gwendolyn/Fast, Victoria (2018): »Smart«, aber ungerecht? Die Smart-City-Kritik mit Nancy Fraser denken. In: Bauriedl, Sybille/Strüver, Anke (Hrg.): Smart City: Kritische Perspektiven auf die Digitalisierung in Städten. Bielefeld: transcript. S. 87–98. (= Urban studies).

Scheiner, Joachim (2019): Mobilität von Kindern. Stand der Forschung und planerische Konzepte. In: Raumforschung und Raumordnung | Spatial Research and Planning 77(5), S. 441–456. ► https://doi.org/10.2478/rara-2019-0037.

Schmidt, Werner/Borgert, Stephan/Fleischmann, Albert/Heuser, Lutz/Müller, Christian/Schweizer, Immanuel (2015): Smart Traffic Flow. In: HMD Praxis der Wirtschaftsinformatik 52(4), S. 585–596. ► https://doi.org/10.1365/s40702-015-0146-0.

Singh, Yamini J. (2020): Is Smart Mobility Also Gender-Smart? In: Journal of Gender Studies 29(7), S. 832–846. ► https://doi.org/10.1080/09589236.2019.1650728.

Stawiarska, Ewa/Sobczak, Paweł (2018): The Impact of Intelligent Transportation System Implementations on the Sustainable Growth of Passenger Transport in EU Regions. In: Sustainability 10(5), S. 1318. ► https://doi.org/10.3390/su10051318.

Strüver, Anke/Bauriedl, Sybille (2020): Smart Cities und sozialräumliche Gerechtigkeit: Wohnen und Mobilität in Großstädten. In: Hannemann, Christine/Othengrafen, Frank/Pohlan, Jörg/Schmidt-Lauber, Brigitta/Wehrhahn, Rainer/Güntner, Simon (Hrg.): Jahrbuch StadtRegion 2019/2020. Wiesbaden: Springer Fachmedien Wiesbaden. S. 91–109. ► https://doi.org/10.1007/978-3-658-30750-9_5.

Vogiatzoglou, Plixavra (2019): Mass Surveillance, Predictve Policing and the Implementaton of the CJEU and ECtHR Requirement of Objectvity. In: European Journal of Law and Technology 10(1).

Wilde, Mathias/Klinger, Thomas (2017): Städte für Menschen: Transformationen urbaner Mobilität. In: Aus Politik und Zeitgeschichte (48), S. 32–38.

Yaqoob, Ibrar/Khan, Latif U./Kazmi, S. M. Ahsan/Imran, Muhammad/Guizani, Nadra/Hong, Choong Seon (2020): Autonomous Driving Cars in Smart Cities: Recent Advances, Requirements, and Challenges. In: IEEE Network 34(1), S. 174–181. ► https://doi.org/10.1109/MNET.2019.1900120.

6